DeepSeek风暴

Rewriting the
Rules of Content

重塑内容生产与传播

张凌霄　赵琳琳　刘庆振
编著

中国传媒大学出版社
·北京·

前 言

我们正站在内容生产的一次结构性跃迁门前。

《大学》有古语"致知在格物,物格而后知至",意思就是获取知识的途径则在于探究事理。探究事理后才能获得正确认知。放在当下,要真正掌握生成式人工智能带来的内容革命,我们必须回到创作的原点——理解它、拆解它、训练它、驾驭它。

生成式人工智能正推动内容生产走向新的高度。从行业趋势看,AIGC 将促使内容生产更加高效、多元和个性化。一方面,它会深度融入各个领域,像教育领域中自动生成教学材料和测试题,传媒领域中辅助新闻写作与视频制作等。另一方面,多模态生成技术的发展,将使文本、图像、音频、视频等多种内容形式实现更自然的融合与转换。此外,随着技术的不断进步,AIGC 在内容质量和创意方面也将不断提升,逐渐从辅助创作向深度参与甚至引领创作方向发展,重塑内容生产与传播的生态。

生成式人工智能的核心技术在于深度学习算法,通过对大规模多模态数据集的学习,模型能够理解数据的模式和结构,进而生成新的内容。以 Transformer 为核心架构的大语言模型,如 DeepSeek,具备强大的语言理解和生成能力。它能根据输入的提示,在语义、语法和逻辑上生成合理且有价值的文本。同时,在图像、音频和视频生成方面,也有各自独特的技术原理和模型,如生成式对抗网络(GAN)等。这些技术相互配合,使得 AIGC 能够在不同的内容模态之间进行转换和融合,为内容创作提供了丰富的可能性。

内容创作早已不是一个单纯的"手艺活"。一个爆款越来越多地依赖对社会节奏的感知、对受众情绪的洞察、对媒介逻辑的理解。而如今，生成式人工智能（AIGC）技术，正在重塑这一切。

本书聚焦于"DeepSeek"这一"国运级"的大模型工具，系统梳理其在内容创作全流程中的应用实践。我们不满足于功能演示或指令大全，而是尝试以新闻传播领域的实践逻辑为主线，构建出一个"技术＋方法＋场景＋思维框架"并重的知识结构。书中每一个案例都出自真实任务场景，每一个作品的生成路径都源于作者20年实践的反复淬炼。在DeepSeek面前，不是把创作的主导权让渡给模型，而是在人工智能的辅助下，带领创作者走一遍扎实的创作流程，让模型学习经验和原理，让经验和原理成为你的专属模型。

在本书的撰写过程中，特别要感谢中国传媒大学出版社沈刘红老师、北京体育大学新闻与传播学院的同学们和北体传媒的同事们的支持。他们不仅深度参与从策划案撰写到节目执行的全过程，还在实践中验证并优化了AIGC辅助创作的操作路径，为本书内容的可实操性和真实性提供了坚实保障。特别感谢"体重管理年"主题系列短视频的编导宋绪柳，助理编导盖力文、曹可佳，后期编辑张新礼；八段锦课程中AI视频后期制作、AI中医养生短视频创意与制作者张新礼、刘耀之、李佳。此外，北京体育大学新闻与传播学院的硕士研究生柳鑫鑫、王甜、郑凯夫、凌茹等同学也参与撰写了本书部分章节的内容，在此一并向他们致谢！

本书特别适合以下读者群体阅读与参考：

传媒从业者与内容创作者：希望在新闻报道、短视频、广告、公关等工作中提升AI协作效率与表达能力；

新闻传播专业学生与研究者：需要系统理解AIGC如何嵌入内

容生产流程，掌握创作实操与方法论；

　　自媒体与创作者经济参与者：面对多平台内容输出压力，寻求高效生成、差异化表达与数据分析能力；

　　高校从事新闻传播与人工智能教学的教师：可作为 AIGC 课程案例与教学资源，辅助开展交叉学科教学。

　　我们写这本书，不是为了教你使用一个工具，而是希望与你一起回答一个问题：人类创作者，如何在 AI 时代保有创造的主动权？

北京体育大学新闻与传播学院

张凌霄　赵琳琳　刘庆振

2025 年 4 月

目 录

第一章　智能红利：内容创作与社会生活的全面变革 ／ 001
第一节　AI 重塑社会生活全领域　／　001
第二节　生成式智能：内容创作的新引擎　／　007
第三节　DeepSeek 加速 AIGC 深度变革　／　011

第二章　DeepSeek 使用方法详解　／　025
第一节　DeepSeek 的网页端应用　／　026
第二节　DeepSeek 的移动 App 端应用　／　040
第三节　DeepSeek 的 API 应用　／　044
第四节　DeepSeek 的其他应用方法　／　055

第三章　用 DeepSeek 生成策划方案　／　071
第一节　生成节目策划案　／　071
第二节　生成文创产品策划案　／　095

第四章　用 DeepSeek 生成图像与视频　／　114
第一节　生成公益广告海报　／　114
第二节　辅助场景再现　／　129
第三节　生成自媒体短视频　／　146

第五章　用 DeepSeek 进行数据采集、分析与展示　／　160
第一节　数据收集与整理　／　160
第二节　数据分析　／　181

第三节　数据可视化与呈现　/　193

第六章　从 DeepSeek 启航：展望与反思　/　210
第一节　加速回报定律　/　210
第二节　技术突破的星辰大海　/　213
第三节　生成式 AI 引领内容行业变革　/　216
第四节　技术伦理：高悬的达摩克利斯之剑　/　219

结语：拥抱未来，审慎前行　/　223

第一章　智能红利：
内容创作与社会生活的全面变革

在科技的漫漫征途中，人工智能（AI）从最初朦胧的概念萌芽，一步步稳健地走入了我们生活的每一处角落。早期的 AI 更多停留在实验室与理论研究中，人们对它的理解还是一种未来的可能性。但随着计算机技术的迅猛发展，数据量的爆发式增长，以及算法的不断优化创新，AI 逐渐从理论走向实践。

生成式智能的出现，更是为 AI 的发展注入了一剂强大的催化剂，成为其发展进程中的一个重要里程碑。它具备了从大量数据中学习模式，并基于这些模式生成全新内容的能力，这一特性让 AI 实现了从单纯的信息处理到创造性产出的跨越。如今，我们已然站在了 AI 时代的浪潮之巅，正亲身感受着它带来的全方位、深层次的变革。

第一节　AI 重塑社会生活全领域

一、AI 改变工作图景

人工智能时代，每个人的工作都在发生着重要的转变。在工厂的生产车间，曾经轰鸣作响、人头攒动的流水线场景正在悄然发生改变。过去，流水线上的工人需要日复一日、年复一年地重复着单一、机械的操作，比如汽车制造工厂里，工人需要精准且持续地将一个个零部件安装到指定位置。然而，如今越来越多的工厂引入了自动化生产设备，这些设备在 AI 技术的驱动下，能够以极高的精度和效率完成装配任务。有关数据显示，在一些先进的汽车制造企业，自动化生产线已经替代了超过70%的基础装配工人岗位，工作效率却提升了数倍。

数据录入员这一岗位同样面临着严峻的挑战。以往，大量的数据需要人工手动输入计算机系统，不仅耗时费力，还容易出现人为错误。而现在，光学字符识别（OCR）技术与智能数据处理算法相结合，能够快速、准确地将纸质文档、图片中的数据自动识别并录入系统。许多金融机构、电商企业都已大规模采用此类技术，使得数据录入员岗位数量大幅减少。这种重复性、规律性强的工作，正是AI的优势所在，它能够不知疲倦地、精准地完成大量枯燥且重复的任务，将人类从繁重的基础劳动中解放出来。

与此相对应的是新兴职业蓬勃兴起，AI训练师成为新时代的热门职业之一。随着AI模型在各个领域的广泛应用，让模型更加精准、高效地完成任务就需要AI训练师的专业技能。他们的工作内容包括收集和整理大量的数据，根据实际需求对AI模型进行参数调整与优化，以及通过不断地测试和反馈，让模型能够更好地理解和执行人类的指令。例如，在智能语音助手的开发过程中，AI训练师需要收集海量的语音样本，对语音数据进行标注，将其与对应的文本内容进行关联，然后利用这些数据对语音识别模型进行训练，不断提高模型对各种口音、语速和语言习惯的识别准确率。目前，随着AI技术应用场景的不断拓展，AI训练师的市场需求持续增长，预计未来五年内，相关岗位的人才缺口将达到数百万。

数据标注员也是AI发展催生的新兴职业。AI模型的训练离不开大量高质量、准确标注的数据，数据标注员的工作就是对图像、文本、音频等各种数据进行分类、标注和注释，为AI模型提供学习的素材。以自动驾驶领域为例，为了让自动驾驶汽车能够准确识别道路上的各种物体，如行人、车辆、交通标志等，数据标注员需要在大量的道路场景图像中，精确地框选出每个物体，并标注其类别和属性。这一工作看似简单，实际上需要高度的专注和耐心，标注的准确性直接影响到AI模型的训练效果。随着AI在各行业的深入应用，数据标注员的需求量也在迅速增加，许多互联网企业和 AI 初创公司都在大量招聘这一岗位的人才。

此外，我们的工作模式也发生了很大的变革。远程办公在 AI 技术的推动下变得更加普及和高效。通过视频会议软件、在线协作平台以及云存储等基于 AI 技术的工具，员工可以在家中或者任何有网络连接的地方与团队成员进行实时沟通与协作。例如，许多跨国公司的团队成员分布在全球各地，利用智能视频会议系统，不仅可以实现高清流畅的视频通话，还能通过 AI 技术实现实时翻译、自动生成会议纪要等功能，极大地提高了沟通效率。

灵活工作时间模式也因 AI 得到了更好的发展。借助 AI 驱动的项目管理工具和任务分配系统，企业可以根据员工的技能、工作进度以及项目需求，更加灵活地安排工作任务和时间。员工不再局限于传统的朝九晚五工作模式，可以根据自己的生活节奏和工作效率，在一定范围内自主安排工作时间。例如，一些创意工作者可能晚上的工作效率更高，他们可以利用 AI 工具合理规划工作任务，在晚上完成创意设计、文案撰写等工作，然后在白天处理一些需要与团队成员沟通协作的事务。这种灵活的工作模式能够充分激发员工的工作积极性和创造力，同时也提高了企业应对市场变化的灵活性和适应性。

二、AI 革新学习模式

在教育领域，AI 技术正引领着一场个性化学习的革命。以智能学习平台为例，它通过对学生在学习过程中产生的大量数据进行收集和分析，包括学生的答题情况、学习时间、课程完成进度等，能够精准地了解每个学生的学习进度、知识掌握程度以及学习兴趣点。然后，根据这些数据分析结果，智能学习平台会为每个学生量身定制个性化的学习方案。例如，如果平台发现某个学生对数学的函数部分知识点掌握不够扎实，就会自动推送相关的知识点讲解视频、练习题以及针对性的辅导资料。同时，平台还会根据学生的学习习惯和时间安排，合理规划学习计划，确保学生能够高效地提升学习成绩。许多学校和教育机构已经引入了此类智能学习平台，经过实践验证，使用个性化学习方案的学生在学习成绩提升方面，相比传统教学模式下的学生平均高出15%—20%。

知识获取方式也发生了很大变化。如今的智能搜索引擎已经不再是简单地根据用户输入的关键词进行网页检索，而是借助AI技术，能够理解用户问题的语义，为用户提供更加精准、全面的答案。例如，当用户在搜索引擎中输入"如何提高企业的市场竞争力"时，智能搜索引擎会对问题进行深入分析，结合大量的行业报告、学术研究以及企业案例，给出一个综合性的回答，包括市场调研方法、产品创新策略、营销策略优化等多个方面的内容。同时，搜索引擎还会根据用户的搜索历史和浏览习惯，对搜索结果进行个性化排序，将用户可能最感兴趣的内容优先展示。

在线课程平台也在AI技术的助力下蓬勃发展。这些平台汇聚了来自全球各地的优质课程资源，涵盖了从基础学科到职业技能培训等各个领域。通过AI推荐算法，平台能够根据用户的学习目标、兴趣爱好以及已学习课程，为用户精准推荐适合他们的课程。比如，一个对编程感兴趣的用户在学习了Python基础课程后，平台会根据其学习情况和兴趣偏好，推荐Python高级应用、数据科学与Python、人工智能与Python等相关进阶课程，帮助用户构建完整的知识体系，实现高效的知识获取。

在技术赋能之下，一个人的技能培养有了全新的路径。虚拟实验室为学生和专业人士提供了一个全新的技能培养平台。在一些理工科领域，如化学、物理实验，传统的实验室操作往往受到实验设备、场地以及安全等因素的限制。而虚拟实验室借助AI技术和虚拟现实（VR）、增强现实（AR）技术，能够模拟出高度逼真的实验环境和实验过程。学生可以在虚拟环境中自由地进行各种实验操作，不用担心实验设备损坏和实验过程中的安全风险。例如，在化学虚拟实验室中，学生可以模拟各种化学反应，观察反应现象，通过改变实验条件来探索不同因素对反应结果的影响。同时，虚拟实验室还会根据学生的操作过程和结果，提供实时的反馈和指导，帮助学生及时纠正错误，提高实验技能。

模拟训练软件在职业技能培训方面发挥着重要作用。以飞行员培训为例,传统的飞行员培训需要大量的真机飞行训练时间,成本高且风险大。而现在,借助先进的模拟训练软件和 AI 技术,飞行员可以在地面模拟飞行训练设备上进行大量的模拟飞行训练。这些模拟训练软件能够真实地模拟各种飞行场景,包括不同的天气条件、机场环境以及突发故障等情况。通过 AI 算法,软件可以根据飞行员的操作表现,实时生成评估报告和改进建议,帮助飞行员快速提升飞行技能。研究表明,通过模拟训练软件辅助培训,飞行员在真机飞行训练中的事故发生率降低了 30%—40%,同时培训周期也缩短了 20%—30%。

三、AI 改变生活日常

日常生活中,智能家居的便捷之处无处不在。清晨,当第一缕阳光洒进房间,智能灯光系统会根据预设的时间和光线强度,自动缓缓亮起,模拟自然的日出过程,轻柔地唤醒沉睡中的你。走进厨房,智能烤箱已经根据你前一天晚上在手机 App 上设定的早餐食谱,自动预热并开始烤制美味的面包。与此同时,智能咖啡机也在有条不紊地工作,为你准备一杯香浓的咖啡。当你来到客厅,智能音箱会根据你的日常习惯,自动播放你喜欢的音乐或新闻资讯,让你在轻松愉悦的氛围中开启美好的一天。

通过手机 App 或者语音指令,你可以随时随地控制家中的各种智能设备。比如,在下班回家的路上,你可以提前打开智能空调,将家中的温度调节到舒适的范围;也可以远程控制智能窗帘,让阳光在合适的时间洒进房间。当你到家时,智能门锁会通过人脸识别技术自动识别你的身份,为你开门。家中的智能安防系统会实时监测家中的安全状况,一旦发现异常情况,如门窗被非法打开、烟雾浓度过高等,会立即通过手机 App 向你发送警报信息,并联动相关设备采取相应的措施,如自动关闭燃气阀门、启动摄像头进行拍摄等,为你的家庭安全保驾护航。

智能交通系统的广泛应用,极大地改善了城市的交通拥堵状况。通过安装在道路上的各种传感器,如摄像头、地磁传感器等,智能交通系统实时收集交通流量、车速、车辆位置等信息。然后,利用 AI 算法对这些海量的数据进行分析和预测,智能交通系统能够根据实时交通状况动态调整信号灯的时长,优化交通流量分配。例如,在早高峰时段,当某个路口的某个方向车流量较大时,智能交通系统会自动延长该方向信号灯的绿灯时长,减少车辆等待时间,提高道路通行效率。据统计,在一些应用了智能交通系统的城市,交通拥堵时间平均缩短了 20%—30%,车辆平均行驶速度提高了 15%—20%。

　　自动驾驶技术的发展更为人们的出行带来了全新的体验。如今,越来越多的汽车制造商正在积极研发和推广自动驾驶汽车。自动驾驶汽车通过激光雷达、摄像头、毫米波雷达等多种传感器,实时感知周围的道路环境和交通状况。然后,借助 AI 算法对传感器收集到的数据进行快速处理和分析,做出合理的驾驶决策,如加速、减速、转弯、避让等。对于一些通勤距离较远的上班族来说,自动驾驶汽车可以让他们在上班途中更加轻松自在,不再需要高度集中精力驾驶,可以利用这段时间处理工作邮件、阅读书籍或者休息放松。而且,自动驾驶技术的应用还有望大幅降低交通事故的发生率,因为 AI 系统能够更加快速、准确地对突发情况做出反应,避免因人为失误导致的交通事故。

　　智能手环、智能手表等可穿戴设备已经成为人们日常生活中常见的健康监测工具。这些设备通过内置的各种传感器,如心率传感器、加速度传感器、血氧传感器等,能够实时监测用户的心率、运动步数、睡眠质量、血氧饱和度等健康数据。然后,借助 AI 算法对这些数据进行分析和解读,为用户提供个性化的健康建议。例如,如果智能手环监测到用户在一段时间内的心率持续偏高,且运动步数明显减少,它会通过手机 App 提醒用户注意休息,并建议用户适当增加运动量。同时,这些可穿戴设备还可以将监测到的健康数据上传到云端,与医疗机构的健康管理系统对接,医生可以根据这些数据对用户的健康状况进行远程评估和指导。

音乐平台通过AI算法对用户的听歌历史、收藏列表、点赞评论等数据进行深入分析,能够精准地了解用户的音乐喜好。例如,如果用户经常收听流行音乐,且对某个歌手的歌曲情有独钟,音乐平台会优先为用户推荐该歌手的最新歌曲以及风格相似的其他流行歌手的作品。同时,音乐平台还会根据不同的场景和时间,为用户生成个性化的歌单。比如在早晨,为用户推荐一些轻松愉悦的唤醒歌曲;在运动时,推荐节奏动感的健身音乐;在晚上休息时,推荐舒缓助眠的轻音乐等。

视频平台同样借助AI技术为用户提供个性化的影视推荐服务。AI算法会综合考虑用户的观看历史、评分记录、搜索行为等多方面的数据,为用户推荐符合其兴趣偏好的影视作品。例如,一个喜欢科幻电影的用户,视频平台会为其推荐近期热门的科幻影片、经典科幻电影的重制版以及相关的科幻题材电视剧等。而且,视频平台还会根据用户在观看过程中的行为,如暂停、快进、重复观看等,实时调整推荐策略,进一步提高推荐的精准度。这种个性化推荐服务能够让用户更快速地发现自己感兴趣的影视内容,提升用户在视频平台上的观看体验和满意度。

第二节 生成式智能:内容创作的新引擎

一、AIGC重塑内容创作

在人工智能快速发展的基础之上,生成式智能(AIGC)正以前所未有的速度改变着内容创作的格局,成为内容创作领域的全新引擎。AIGC是利用人工智能技术生成内容的生产方式,它打破了传统内容创作的模式,为创作者带来了诸多便利与灵感。

一方面,它带来了创作效率的飞跃,成为激发创意的源泉。AIGC能够快速生成大量的文本、图像、音频和视频等内容。以写作为例,传统写作可能需要作者花费数小时甚至数天来构思、撰写一篇文章,而 AIGC 工具只需用户输入一些关键词和简单描述,就能在短时间内生成一篇逻辑连贯的文章。在图像创作领域,用户输入几个提示词,短短几分钟就能生成精美的图像,极大地缩短了创作周期,提高了创作效率。同时,AIGC 可以为创作者提供丰富的创意灵感。当创作者陷入灵感枯竭时,AIGC 工具能够根据用户提供的主题,生成多种不同角度的创意和观点,帮助创作者打开思路。它还能融合不同领域的元素,创造出独特的创意组合,为内容创作注入新的活力。

另一方面,生成式智能也在重塑内容创作流程。从创意构思到内容发布,每个环节都发生了显著的变革。具体来看:

创意构思:人机协作新范式。在创意构思阶段,AIGC 与人类创作者形成了紧密的协作关系。人类创作者凭借自身的生活经验、情感感知和文化底蕴,提出内容的主题和核心思想。AIGC 则利用其强大的数据分析和模式识别能力,从海量的信息中挖掘相关素材和创意灵感,为人类创作者提供更多的创作思路和方向。二者相互启发、相互补充,共同推动创意的产生和完善。

内容生成:智能助力高效产出。在内容生成环节,AIGC 展现出了强大的能力。对于文本内容,AI 写作工具能够根据既定的创意和框架,快速生成初稿。这些初稿虽然可能需要人类创作者进一步修改和完善,但大大节省了创作时间。在图像、音频和视频创作方面,AIGC 工具同样表现出色。AI 绘画工具可以根据用户的描述生成各种风格的图像,AI 视频生成工具能够根据文本提示生成短视频片段,实现了从创意到内容的快速转化。

内容优化:精准提升质量。AIGC 在内容优化方面也发挥着重要作用。AI 可以对生成的内容进行语法检查、逻辑分析和风格评估,帮助创作者发现内容中的错误和不足之处,并提供改进建议。它还能根据不同的平台特点和受众需求,对内容进行个性化的优化调整,提高内容的可读性和吸引力。例如,一些 AI 工具可以分析社交媒体平台上的热门话题和用户喜好,帮助创作者优化内容,使其更符合平台特点和用户口味,从而提高内容的传播效果。

二、创作模式的颠覆式转变

在生成式智能兴起之前,内容创作主要依赖人类创作者,无论是作家、记者、设计师还是艺术家,他们凭借自身的知识储备、生活经验和创造力进行作品的构思与产出。然而,生成式智能的出现打破了这一传统格局,使创作主体从单一的人类拓展到人机协同乃至机器主导的多元模式。

在这样的背景之下,内容创作的流程也发生了革新。生成式智能促使内容创作流程从线性、顺序式向非线性、并行式转变,极大地提高了创作效率和灵活性。传统的内容创作流程通常遵循从策划、构思、创作到修改完善的线性步骤。以拍摄一部电影为例,编剧先撰写剧本,导演根据剧本进行拍摄计划的制定,包括场景选址、演员挑选等,拍摄完成后进入后期剪辑、特效制作等环节,各个环节紧密相连,前一个环节的完成是后一个环节开始的前提。

生成式智能介入后,创作流程变得更加灵活高效。在电影制作中,利用人工智能的图像生成技术,导演可以在剧本创作阶段就通过输入文字描述,快速生成电影场景的概念图,直观地呈现出脑海中的画面,从而更准确地评估剧本的可行性和视觉效果,及时调整创作思路。在后期制作中,人工智能的视频剪辑工具可以根据导演设定的主题、情感氛围等要素,自动筛选和剪辑素材,生成初步的剪辑版本。导演再在此基础上进行精细调整,大大缩短了后期制作的时间。同时,不同创作环节可以并行开展。例如,在广告设计中,文案创作人员可以利用人工智能生成多个版本的文案,同时设计师也在借助生成式设计工具进行广告画面的设计,双方可以随时交流、调整,根据对方的成果优化自己的创作,而不再受传统线性流程的束缚。

三、内容创作活动的全新特点

在当今数字化时代,AIGC 正以前所未有的态势席卷而来,深刻地改变着内容创作的格局。从文学艺术到新闻传媒,从广告营销到教育科研，AIGC 的身影无处不在，它不仅提升了创作效率，拓展了创作边界，还催生了全新的创作模式和业态，为内容创作带来了诸多方面的变革。

越来越多普通人成为拥有较强能力的创作者。AIGC 降低了创作门槛，让普通大众有机会参与到内容创作中来。以往，绘画、音乐创作等需要专业技能和长期训练，如今通过简单易用的 AIGC 创作平台，即使没有专业基础的人，也能轻松创作绘画、音乐作品。比如，用户只需在 AI 绘画平台上输入描述画面的文字，如"在金色夕阳下，海边的城堡"，平台就能快速生成相应的精美画作。这使得创作不再是少数人的特权，极大地激发了大众的创作热情，丰富了内容创作的主体。

这时候，AIGC 与人类创作者之间逐渐形成协同创作的模式。在影视制作领域，AI 可以根据剧本生成场景概念图，帮助导演快速构建场景框架，确定画面风格和布局；人类创作者则在此基础上，运用自身的艺术感知和创作经验，对场景进行优化和完善，赋予作品情感和灵魂。这种人机协同的创作模式，充分发挥了人类的创造性思维和 AIGC 的高效运算能力，实现优势互补，推动内容创作向更高水平发展。

AIGC 还为创作者提供了丰富的自动化和辅助功能。在文案创作方面，AI 写作助手可以根据用户输入的主题和要求，自动生成文案初稿，包括新闻报道、广告文案、产品描述等。创作者只需对初稿进行修改和润色，就能快速完成创作任务。在视频制作领域，AI 视频编辑工具能够自动识别视频素材的内容和风格，根据用户的需求进行剪辑、配乐、添加特效等操作，大大缩短了视频制作的周期。

正因如此，AIGC 极大地提升了创作内容的丰富性与创新性。一方面，它拓展了创作题材与风格。AIGC 为内容创作带来了更广阔的题材和风格选择。例如，AI 可以根据对用户兴趣数据的分析，发现一些尚未被充分挖掘的小众文化、新兴趋势等题材，启发创作者进行创作。在风格方面，AIGC 可以模仿各种经典的艺术风格，如凡·高的绘画风格、海明威的写作风格等,帮助创作者突破自身风格的局限,尝试不同的创作风格,丰富作品的表现形式。另一方面,它还能够为每个创作者或用户生成个性化内容。AIGC 能够根据用户的个性化需求和偏好,生成定制化的内容。在音乐创作领域,AI 可以根据用户的音乐喜好、情绪状态等因素,为用户量身定制个性化的音乐作品。在教育领域,AI 可以根据学生的学习进度、知识掌握情况和学习风格,生成个性化的学习内容和辅导资料,因材施教,增强学习效果。

生成式智能为内容创作带来了全方位的变革,从创作主体、流程、内容到传播与价值实现,都发生了深刻的变化。虽然 AIGC 在内容创作领域展现出巨大的潜力和优势,但它并不能完全取代人类创作者,而是与人类创作者相互协作、共同发展。未来,随着 AIGC 技术的不断进步和完善,内容创作领域将迎来更加繁荣和创新的发展局面。

第三节　DeepSeek 加速 AIGC 深度变革

一、DeepSeek"崭露头角"

DeepSeek 作为 AIGC 领域的"后起之秀",正以其独特的技术优势和创新应用,在全球范围内掀起波澜,深刻影响着内容创作与社会生活的各个层面。

2025 年春节前后,由杭州深度求索人工智能基础技术研究有限公司(以下简称"深度求索")推出的推理式大语言模型 DeepSeek-R1,以优秀的推理能力和"思考"方式,引爆了中国乃至全世界对于 AI 模型的又一次狂热。创立深度求索的并非传统意义上的计算机公司,而是知名量化资管巨头幻方量化,或许正是这种非传统的基因,给深度求索和它开发的 DeepSeek 带来了不同于其他 AI 模型的独特发展道路。从代码撰写模型起步,经由不同版本的大语言模型迭代,发展历程虽短,却效率极高,成绩斐然。幻方量化发布的一系列 DeepSeek 模型在技术性能和应用效果上都展现出强大的竞争力,终于在 2025 年年初,展现出超乎常人想象的"思考"能力的推理模型 R1 吸引了全球的目光,成为引领 AIGC 发展不可忽视的重要力量。

自 2023 年起,DeepSeek 在开源社区里发布了大量的模型,其排名在 Benchmark 表上逐步攀升,其主要作品见表 1-1。

表 1-1 DeepSeek 主要模型一览

发布时间	模型	介绍
2023 年 11 月 2 日	DeepSeek Coder	免费用于商业领域并完全开源,主要应用于代码相关的任务和场景。
2023 年 11 月 29 日	DeepSeek LLM	规模达 670 亿参数,能够与当时的其他大型语言模型竞争,性能接近 GPT-4,同时发布了聊天版本 DeepSeek Chat。
2024 年 2 月 5 日	DeepSeek Math	以 DeepSeek-Coder-v1.5 7B 为基础,继续在从 Common Crawl 中提取的数学相关 token 以及自然语言和代码数据上进行预训练,DeepSeek Math 训练规模达 5000 亿 tokens。DeepSeek Math 7B 在竞赛级 MATH 基准测试中取得了 51.7% 的优异成绩,且未依赖外部工具包和投票技术,接近 Gemini-Ultra 和 GPT-4 的性能水平。
2024 年 5 月	DeepSeek-V2	低成本、高性能。引发了中国大模型的价格战,在 Waterloo 大学 Tiger Lab 的排行榜上排名第 7。
2024 年 6 月 17 日	DeepSeek-Coder-V2	开源的混合专家(MoE)代码语言模型,在代码特定任务中达到了与 GPT4-Turbo 相当的水平。DeepSeek-Coder-V2 是从 DeepSeek-V2 的一个中间检查点开始,进一步预训练了额外的 6 万亿 tokens,显著增强了 DeepSeek-V2 的编码和数学推理能力,同时在通用语言任务中保持了相当的性能,并在代码相关任务、推理能力和通用能力等多个方面都取得了显著进步。DeepSeek-Coder-V2 将支持的编程语言从 86 种扩展到 338 种,并将上下文长度从 16K 扩展到 128K。在标准基准测试中,DeepSeek-Coder-V2 在编码和数学基准测试中表现优异,超越了 GPT4-Turbo、Claude 3 Opus 和 Gemini 1.5 Pro 等闭源模型。
2024 年 11 月 20 日	DeepSeek-R1-lite-preview	在逻辑推理、数学推理和实时问题解决等任务中表现出色,声称在 American Invitational Mathematics Examination(AIME)和 Math 等基准测试中超过了 OpenAI o1。

续表

发布时间	模型	介绍
2024年12月26日	DeepSeek-V3	拥有6710亿参数,训练成本低,仅耗费不到280万个GPU小时,在多项测评上达到开源SOTA,超越Llama 3.1 405B,能和GPT-4、Claude 3.5 sonnet等top模型正面竞争。
2025年1月20日	DeepSeek-R1	开源推理模型DeepSeek-R1,性能超越OpenAI的o1模型,客户端迅速登顶中美应用商店下载榜。采用强化学习框架和蒸馏技术,显著提升复杂问题推理能力。训练成本仅为OpenAI同类模型的1/20,支持数学推理、代码生成等任务。开源策略直接冲击英伟达主导的算力生态,引发其股价单日暴跌21.6%。

目前,DeepSeek的优势主要体现在以下几个方面:

生成能力优势。DeepSeek拥有卓越的语言理解与生成能力,基于Transformer架构的深度优化,使其能够精准捕捉文本中的语义细微差别,无论是日常对话的口语化表达,还是专业领域的复杂术语,它都能理解得细致入微。在内容生成方面,它可以根据给定的主题和要求,生成逻辑连贯、条理清晰的文本,无论是短文创作、长篇论文撰写,还是创意性的故事、诗歌创作,DeepSeek都能应对自如。例如,当被要求创作一篇关于未来城市交通发展趋势的文章时,它不仅能从多个角度深入剖析,如智能交通系统的应用、新能源汽车的普及等,还能融入相关研究数据和实际案例,使内容既丰富又具说服力。

深度思考与推理能力优势。与许多同类模型不同,DeepSeek的模型运用强化学习技术进行"后训练",通过学习思维链(CoT)的方式,一步一步推理得出结果,而不是简单直接地预测答案。这种独特的思考方式使它在面对复杂问题时,能够深入分析问题的本质,给出更具逻辑性和深度的回答。例如,当被问及"如何解决城市拥堵与环境保护之间的矛盾"这一复杂问题时,DeepSeek会逐步分析两者之间的关联和相互影响因素,从政策制定、技术创新、公众意识等多个层面提出系统性的解决方案。

成本与效率优势。在 AIGC 领域,成本与效率是制约技术广泛应用的关键因素。DeepSeek 在这方面实现了重大突破,其模型训练成本显著低于行业平均水平。以 DeepSeek-V3 为例,训练成本仅为 557.6 万美元,而 GPT 约为 1 亿美元。这种低成本高效率的模式,促使更多的企业和开发者使用其技术,降低了 AIGC 技术的应用门槛,为 AIGC 的普及和发展提供了有力支持。同时,DeepSeek 在推理速度上也表现出色,能够快速响应用户的请求,提高了用户体验和工作效率。

多模态融合优势。与业界趋势同步,DeepSeek 正在积极发展多模态融合方面的能力,其先后推出的 Janus/Janus Pro 以及 VL/VL2 系列多模态大模型能够将文本、图像、视频等多种信息进行有效整合与理解。利用大型混合专家视觉—语言模型(MoE)架构,DeepSeek 具备了出色的视觉语义对话能力,不仅可以理解图像内容并进行描述,还能根据图像信息回答相关问题、生成创意内容等。例如,输入一张城市街景图片,DeepSeek 可以识别出图片中的建筑、交通状况、人群活动等元素,并基于这些信息生成一篇描述城市生活场景的文章,或者回答诸如"该场景中可能存在哪些环境问题"等问题。

凭借上述显著优势,DeepSeek 在 AIGC 领域迅速崛起,吸引了全球范围内的关注与应用。无论是在科技巨头的技术布局中,还是在普通用户的日常使用中,DeepSeek 都已成为一个备受瞩目的存在,为 AIGC 技术的发展注入了新的活力。

二、DeepSeek 重塑内容创作版图

在内容创作领域,DeepSeek 的出现犹如一颗重磅炸弹,引发了一系列深刻变革,从根本上改变了内容创作的模式、流程和格局。它以强大的生成能力、高效的处理速度和创新的应用方式,为创作者们带来了前所未有的机遇与挑战,重塑了内容创作的版图。

在传统的内容创作流程中,诸如文章初稿撰写、海报模板设计等基础工作往往耗费创作者大量的时间和精力。DeepSeek 的出

现,极大地改变了这一现状。以文章写作为例,创作者只需输入主题、关键词和大致的内容要求,DeepSeek 就能在短时间内生成一篇结构完整、逻辑连贯的文章初稿。在撰写一篇关于"人工智能在教育领域的应用"的文章时,创作者提供相关主题和要点后,DeepSeek 迅速生成了包含引言、现状分析、应用案例、面临挑战及未来展望等部分的初稿,为创作者节省了大量的构思和起草时间。在海报设计方面,DeepSeek 同样表现出色。它可以根据用户设定的主题、风格和元素要求,快速生成多个海报模板供用户选择。比如,某电商企业要为新品促销活动设计海报,只需将产品信息、促销口号、期望风格(如简约时尚、复古华丽等)告知 DeepSeek,它便能在几分钟内生成一系列风格各异、布局合理的海报模板,设计师只需在此基础上进行微调,就能快速完成海报制作。

  DeepSeek 对创作流程的加速作用体现在多个环节。在文献检索环节,以往创作者需要花费大量时间在海量的学术数据库、网页资料中筛选有用信息,而 DeepSeek 凭借其强大的信息检索与分析能力,能够快速从众多数据源中精准定位相关文献,并进行智能摘要,大大缩短了文献收集和整理的时间。在大纲设计环节,它能根据创作者的主题和思路,迅速生成详细且逻辑清晰的大纲,为后续创作提供明确的框架。在段落润色环节,DeepSeek 可以对创作者输入的段落进行语法检查、词汇替换、语句优化等操作,使段落表达更加流畅、准确和生动。例如,一位科研人员在撰写论文时,利用 DeepSeek 进行文献检索,仅用了几分钟就获取了数十篇相关领域的最新研究成果,并得到了每篇文献的核心观点摘要。在大纲设计环节,DeepSeek 根据研究主题和重点,生成了包含研究背景、目的、方法、实验结果、讨论和结论等部分的详细大纲,让科研人员能够迅速展开论文创作。在论文初稿润色环节,DeepSeek 指出了多处语法错误和表达不当之处,并给出了修改建议,使得论文质量得到显著提升,整个创作周期也大幅缩短。

  DeepSeek 具备强大的多任务并行处理能力,能够同时满足创作者在不同平台和场景下的多样化创作需求。在新媒体运营中,创作者需要同时为微信公众号、微博、抖音等多个平台创作内容，且每个平台的内容形式和风格要求各不相同。DeepSeek 可以根据每个平台的特点和用户需求生成适配的内容：为微信公众号生成深度、专业的长文；为微博生成简洁、吸睛的短文案；为抖音生成生动、有趣的视频脚本。在广告营销领域，企业需要为不同渠道的广告投放准备不同形式的创意内容，如平面广告文案、视频广告脚本、社交媒体广告素材等。DeepSeek 能够根据广告目标、受众定位和渠道特点，同时进行多任务创作，快速生成一系列广告创意方案，帮助企业提高广告投放的效率和效果。

在这样的背景下，DeepSeek 打破了内容创作的专业壁垒，让没有专业背景的普通用户也能轻松参与到内容创作中来。在图片创作方面，即使是没有绘画基础的用户，只需在 DeepSeek 中输入对图片的描述，如"阳光明媚的海边，有一座白色的灯塔"，它就能生成一幅惟妙惟肖的海边灯塔图片。在短视频制作领域，用户只需提供简单的故事梗概和场景要求，DeepSeek 就能生成短视频脚本，并通过与视频编辑工具的集成，实现简单的视频剪辑和制作。一位旅游爱好者想要记录自己的旅行经历并制作成短视频分享到社交媒体上，他通过 DeepSeek 生成了旅行短视频的脚本，包括各个景点的拍摄画面、解说词和音乐推荐等，然后利用 DeepSeek 推荐的视频编辑工具，轻松完成了短视频的制作，让更多人能够欣赏他的旅行故事。传统的内容创作工具往往需要创作者具备一定的技术知识和操作技能，如专业的图像编辑软件需要掌握复杂的图层、滤镜、色彩调整等操作，视频编辑软件需要熟悉剪辑、转场、特效添加等功能，而 DeepSeek 通过集成化、智能化的设计，简化了创作工具的操作流程。

此外，DeepSeek 还为新手创作者提供了丰富多样的创作模板和详细的引导，帮助他们快速上手，找到创作思路和方向。在写作领域，它提供了新闻报道、议论文、说明文、故事、诗歌等多种文体的模板，每个模板都包含了基本的结构框架和常用的表达方式。新手创作者在创作时，只需根据模板的提示，填充具体的内容，就能完成一篇较为规范的作品。在设计领域，DeepSeek 提供了海报设计、名片设计、宣传册设计等多种设计模板，用户可以根据自己的需求选择合适的模板，并对模板中的元素进行个性化修改，如更换图片、调整文字内容和颜色等。根据用户输入的内容，DeepSeek 能提供相关的创作建议和参考案例，引导创作者不断优化作品。例如，一位刚开始接触写作的学生，想要写一篇议论文，他可以使用 DeepSeek 提供的议论文模板，按照模板中提出的论点、论据、论证的结构框架，结合 DeepSeek 推荐的相关案例和数据，就能顺利完成文章的创作，并且在 DeepSeek 的建议下，对文章的逻辑和表达进行优化，还能使文章质量得到显著提高。

DeepSeek 还通过融合不同领域的知识，为创作者提供独特的视角和新颖的创意。它能够将科技与艺术、历史与现代、文学与商业等领域的知识进行结合，创造出全新的创意内容。在艺术创作中，DeepSeek 可以将人工智能算法与绘画、音乐等艺术形式相结合，生成具有独特风格的艺术作品。它可以根据数学公式和算法生成绘画作品，或者根据音乐理论和情感分析生成个性化的音乐作品。在商业领域，DeepSeek 可以将市场营销知识与历史文化元素相结合，为企业的品牌推广和产品营销提供独特的创意。例如，一家服装企业想要推出一款具有文化特色的服装产品，DeepSeek 通过分析历史文化元素和时尚潮流趋势，为企业提供了将传统汉服元素与现代时尚设计相结合的创意方案，帮助企业打造出具有独特文化魅力和市场竞争力的服装产品。

在信息快速更新的时代，热点话题转瞬即逝。DeepSeek 能够实时关注各大新闻媒体、社交媒体平台上的热点事件和话题，并为创作者提供与之相关的创作灵感和素材。当某个热门电影上映时，DeepSeek 会迅速捕捉到这一热点，并为影评人、自媒体创作者提供关于电影的背景资料、导演风格、演员表现、观众反馈等素材，以及从不同角度撰写影评的思路和建议。创作者可以利用这些素材和灵感，快速创作与电影相关的优质内容，吸引更多读者关注。同样，当社交媒体上出现某个热门话题讨论时，DeepSeek 能及时分析话题的热度趋势、用户观点和讨论焦点，为创作者提供参与话题讨论的创意和内容方向，帮助他们在第一时间发布有价值的内容，提升内容的传播效果和影响力。

三、DeepSeek 全面融入社会生活

DeepSeek 凭借其强大的联网搜索和深度思考能力，为学习者带来了知识获取方式的巨大变革。以往，学习者获取知识主要依赖于书籍、教师授课和有限的网络搜索，过程烦琐且效率低下。如今，借助 DeepSeek，学习者只需输入简单的问题或关键词，就能在瞬间获取海量的知识信息。无论是对历史事件的详细解读、对科学原理的深入剖析，还是对文学作品的赏析评论，DeepSeek 都能提供丰富而全面的内容。例如，在学习历史时，学生想了解"工业革命对世界格局的影响"，DeepSeek 不仅能给出工业革命的起因、经过和结果，还能从经济、政治、文化等多个角度分析其对世界格局产生的深远影响，同时提供相关的历史文献、研究报告和专家观点，帮助学生全面深入地理解这一历史事件。

DeepSeek 能为学习者提供大量知识，这种借助工具获取知识的方式与传统的通过学习思考获取知识的方式存在显著区别。通过学习思考获取知识，学习者需要主动探索、分析、归纳和总结，这个过程不仅能获取知识，还能锻炼思维能力、提升认知水平，所获得的知识也更深入、系统，能更好地融入自身的知识体系。借助 DeepSeek 获取知识，虽然便捷高效，但如果过度依赖，可能导致学习者缺乏独立思考和探索的能力，对知识的理解和掌握也相对浅显。因此，在享受 DeepSeek 带来的知识获取便利时，学习者仍需保持学习思考的习惯，将两者有机结合，才能不断完善自己的知识体系和认知能力。例如，在学习数学时，不能依赖 DeepSeek 给出的解题答案，而应通过自己的思考和推理去理解解题过程，这样才能真正掌握数学知识和解题技巧。

DeepSeek 的出现推动了学习模式从传统的被动接受式向自主学习和高阶思维培养的方向转变。在传统教学模式中，学生主要

是被动地接受教师传授的知识,缺乏自主探索和思考的机会。而现在,学生可以利用 DeepSeek 自主查询资料、解决问题,根据自己的学习进度和需求进行个性化学习。同时,DeepSeek 还能引导学生进行高阶思维的训练,如批判性思维、创造性思维等。它可以提出开放性问题,引导学生从不同角度思考,鼓励学生质疑和挑战既有观点。然而,这种学习模式的转变也带来了一些挑战。对于一些自律性较差的学生来说,可能会出现自学困境,难以合理安排学习时间和内容。因此,教师的角色也需要相应转变,从知识的传授者转变为学习的引导者和组织者,这对教师的能力和素质提出了更高的要求。

在日常生活中,DeepSeek 成了人们沟通的得力助手。当人们在社交软件上与他人交流时,如果一时不知如何回复,DeepSeek 可以根据聊天内容和语境,提供合适的回复建议,帮助人们组织语言,更好地表达自己的想法。在撰写邮件时,DeepSeek 能快速生成邮件的框架和内容,用户只需进行简单的修改和调整,就能轻松完成邮件的撰写,大大提高了沟通效率。比如,一位职场人士在回复客户的咨询邮件时,利用 DeepSeek 生成了包含问题解答、产品推荐和感谢语等内容的邮件初稿,然后根据客户的具体需求进行了个性化修改,在短时间内就完成了专业、得体的邮件回复。

DeepSeek 还可以为人们提供全方位的生活规划建议,成为人们的"私人生活助手"。在职业规划方面,它可以根据个人的兴趣、技能和职业目标,分析当前的就业市场趋势,推荐适合的职业方向和发展路径。在健身计划制定上,DeepSeek 能结合个人的身体状况、健身目标和时间安排,制定个性化的健身计划,包括运动项目、运动强度和饮食建议等。在旅行规划中,它可以根据用户的预算、时间和旅游偏好,推荐旅游目的地、景点和行程安排,还能预订机票、酒店等。例如,一位想要转行从事数据分析工作的人,通过与 DeepSeek 交流,得到了关于数据分析行业的发展前景、所需技能、学习路径和求职建议等详细信息,为自己的职业转型提供了有力的参考。

在娱乐领域，DeepSeek 为人们带来了全新的体验。在音乐板块，用户可以向 DeepSeek 描述自己想要的音乐风格、情感表达和节奏特点，它就能生成一段独特的音乐旋律，甚至可以根据用户的声音特点进行个性化定制。比如，一位音乐爱好者想要创作一首表达思念之情的歌曲，他向 DeepSeek 输入相关要求后，DeepSeek 生成了一段优美的旋律和歌词，经过简单的调整和完善，这位爱好者就完成了自己的音乐创作，享受了独特的创作乐趣。在影视板块，DeepSeek 可以根据用户的观影历史和喜好，推荐个性化的影视内容，让用户更容易发现符合自己口味的影视作品。

DeepSeek 作为生成式人工智能领域的杰出代表，已在内容创作和社会生活的广袤版图上刻下了不可磨灭的印记。从助力创作者突破思维定式，实现效率与创意的双飞跃，到深度融入学习、工作、生活的各个场景，推动社会的智能化变革，DeepSeek 的影响已经无处不在。

四、优秀的国产 LLM 系列：DeepSeek 家族主要技术路线解析

大语言模型（Large Language Model, LLM）是人工智能发展道路上目前最为红火的一个分支，也是成就最为卓著的一个分支，它属于语言模型（Language Model, LM），但在规模、架构、训练数据及可以实现的能力上均有所拓展。LM 是目前 AI 世界里最接近自然人生活、能被自然人识别出"智能"特性的一个领域，它的发展目标在于实现以人工智能系统理解、处理和生成类似人类自然语言的"语言"。LM 从人类生产过的、以自然语言形式存在的大型数据集里学习模式和结构，"学着"去"生产"连贯且上下文相关的文本。如今在运行的 LLM 一般具有十亿级以上的参数规模，所谓"完全体"或"满血"的模型，其参数规模甚至会达到千亿和万亿级，因英语中"Billion"（10亿）的首字母为 B，实际应用中，描述某个 LLM 的规模通常会以"X-B"的方式称呼，如"满血版"DeepSeek-R1 模型的参数规模是 671B。这种巨大的规模带来的"涌现效应"使得

LLM 展现出不同于之前所有人工智能模型的处理能力，使其能在各种任务中表现出"智能"。

2017 年，Transformer 架构携自注意力机制（Self-Attention）之威并行化处理序列，突破了 RNN 的算力瓶颈，成了 LLM 的基石。自此一切旧的 NLP 模式被排挤出主流，人们从获得了"自注意力"的模型身上看到了通用 LLM 的希望。2018 年，Google 和 OpenAI 先后发布了 BERT（Bidirectional Encoder）和 GPT（Generative Pre-training Transformer）的第一个版本，前者通过掩码语言建模（MLM）在多项 NLP 任务中刷新纪录，后者作为首个生成式预训练模型，通过单向自回归预测验证了大规模无监督学习的潜力，更进一步确立了预训练—微调（Pre-training + Fine-tuning）范式。LLM 的参数爆炸时代和参数军备竞争自此开始。随后迭代的版本参数从 10 亿暴增至超过 5000 亿，LLM 开始展现逻辑推理、跨任务泛化与创造性生成能力。从规则到数据驱动，从专用到通用，从单模态到多模态，LLM 终于让人类看见了通用人工智能的曙光，成为当下公认的最具希望的 AI 发展方向。

在 DeepSeek 携 R1 模型于 2025 年初爆火之前，世界范围内 LLM 的引导者是 OpenAI 公司的 GPT 系列。然而 DeepSeek-R1 的横空出世，使世界看到了 AI 领域的中国之光，在多个领域里取得优势，甚至"动摇"了如日中天的 nVidia 公司股价，更引来了大洋彼岸的重视与围剿。这份成功不是偶然的，是深度求索在 2023—2025 年间大量投入、自主研发、高速迭代结出的硕果。本小节就参照深度求索发布的从 DeepSeek MoE 到 DeepSeek V2、DeepSeek V3 和 DeepSeek-R1 的 4 篇论文所公开的技术细节，回顾 DeepSeek 系列模型的迭代历程，总结其技术特征和路线，作为本书的技术出发点。

DeepSeek 系列模型从混合专家网络（Mixture-of-Experts，MoE）的基础架构出发，通过多阶段迭代逐步优化模型效率、推理能力与训练稳定性。其核心技术演进可划分为四个阶段：DeepSeek MoE、DeepSeek-V2、DeepSeek-V3 与 DeepSeek-R1，每个阶段均围绕稀疏计算、负载均衡、注意力机制优化及强化学习展开创新。

(一) DeepSeek MoE：稀疏专家网络的优化

DeepSeek MoE 基于传统 MoE 架构,通过细粒度专家分割(Fine-Grained Expert Segmentation)与共享专家隔离(Shared Expert Isolation)两项策略,显著提升了专家网络的利用率与专业化能力。DeepSeek MoE 将每个专家子网络进一步分割为更小的子专家,使模型实际包含的专家数量得到拓展,同时保持总参数量不变,增强了模型对复杂问题的分解能力。此外,DeepSeek MoE 还从总专家中划分出一组共享专家,这些专家在训练与推理时始终被激活,专门用于存储跨任务的通用知识。非共享专家则通过门控动态选择,专注于领域特定任务,既实现了减少冗余参数,又提升了模型泛化性。

(二) DeepSeek V2：多头隐藏注意力机制

在 DeepSeek V2 版本中,多头隐藏注意力(Multi-head Latent Attention,MLA)被引入,实现了对推理时键值缓存(KV Cache)存储需求的降低,解决了生成长序列对话时所面临的内存瓶颈问题,MLA 与 MoE 的结合进一步降低了计算成本。DeepSeek V2 的稀疏架构仅激活约 5.6% 的参数(如总参数量 6718 亿,推理激活 378 亿),在保持模型性能的同时大幅提升吞吐量,这构成了 DeepSeek 系列极低成本的技术基石。

(三) DeepSeek V3：无辅助损失负载均衡与多词元预测

DeepSeek V3 作为 DeepSeek 系列中最为成熟的文本式模型,以甚低成本提供了不亚于 GPT-4 和 Claude-3 水平的文本与代码生成能力,且更适合中文语境。在这个版本里,DeepSeek 贡献了无辅助损失负载均衡和多词元预测两项重要创新。前者通过动态调整门控偏置取代辅助损失实现均衡,有效防止了对话路由崩塌;后者则以一次预测多个词元取代了传统 LLM 一次只预测一个词元的算法,使得每个训练样本会有更多的监督信号,提升了数据利用率,且利用词元间依赖关系增强了模型的一致性。

(四)DeepSeek-R1:强化学习驱动的推理优化

自从 OpenAI 公布 o1-preview 模型,LLM 训练的关注点就已经转移到如何通过后训练提升模型的推理(reasoning)能力。DeepSeek-R1 在推理能力方面体现出来的巨大优势,最终吸引了全世界的目光。传统 LLM 通常直接输出答案,容易因信息不足而犯错。DeepSeek-R1 的核心突破在于其作为推理模型(Reasoning Model),通过显式展示多步思维过程(Chain-of-Thought,CoT)提升了准确性。

DeepSeek-R1 极强的推理能力是借助多阶段训练框架,结合强化学习和指令微调而实现的,这一工作可被总结为如下流程:第一步,冷启动阶段,基于人工与规则生成的 CoT 数据指令微调,初始化模型推理能力;第二步,强化学习阶段,针对数学、编程等任务,使用规则奖励系统训练策略网络;第三步,扩展指令微调阶段,合成 60 万推理样本,结合通用任务数据二次微调;第四步,价值观对齐阶段,引入神经奖励模型,约束生成内容的有害性。DeepSeek-R1 还创新性地采用了群体相对策略优化(Group Relative Policy Optimization,GRPO),对同一个问题产生多个采样输出,以其平均值作为基线,取代额外的价值函数模型基数,舍弃了价值模型,取消了评论网络,以规则系统打分代表了神经奖励模型,提高了训练效率。

DeepSeek 家族不仅刷新了推理模型的性能上限,更揭示了 AGI 发展的一条可行路径,即以算法创新突破算力瓶颈,以开放生态加速技术落地。其成功主要来自三方面的创新:第一,纯强化学习路径:通过简单激励自主生成高质量推理链,突破传统 CoT 依赖人工模板的局限;第二,底层架构创新:MoE、FP8、MLA 等技术实现高效训练与推理,弥补硬件资源限制;第三,开源与产品化:以技术民主化推动行业进步,证明中国团队在 AI 前沿领域的顶尖实力。

针对LLM进一步提升性能所面对的算力、数据乃至能源的竭泽而渔困境，DeepSeek凭借在轻量化与高效率方面的独门绝技交出了一份令世人刮目相看的答卷，为世界AI领域贡献了重要的中国经验。

第二章　DeepSeek 使用方法详解

在人工智能技术迅猛发展的今天，大型语言模型（Large Language Model，LLM）已成为辅助人类增进社会生产力的重要力量。从日常问答、创意写作到代码生成、数据分析，AI 正在重塑我们获取信息、处理任务的方式。

在过去短短几年里，我们经历了 LLM 应用的爆发期，与海外先行者 GPT、Claude 等一并前行的 DeepSeek，作为国内领先的大语言模型之一，凭借强大的自然语言理解与生成能力，为用户带来高效、精准的智能交互体验。无论是个人学习、工作辅助，还是企业级应用，DeepSeek 都能以灵活、可靠的方式满足用户的多样化需求。

DeepSeek 不仅迭代了 LLM 在通用任务处理、自然交互体验和高效知识整合方面的基础能力，而且针对中国本土场景进行了深度优化，在语义理解、文化适配和实用性上表现突出，具有强大的原生中文处理能力，可以涵盖办公、教育、编程、创意写作等多场景的高频需求。针对一般用户，DeepSeek 提供了免费的公开访问服务，针对进阶用户，它提供了成本低廉的 API 服务，更在社区以 MIT 协议对完整模型和不同参数的蒸馏模型提供开源和持续进化的技术支持。

前面的章节，我们介绍了 DeepSeek 的基本原理，描绘了 LLM 等 AI 技术发展在多个方面展示的创造性潜力。本章承接前文，转向实践，从总括性视角出发，分四个小节详解 DeepSeek 在当前阶段给用户提供的不同使用方法。这些方法按照从简单到复杂的顺序，分别是网页端、移动 App 端、API 接入、第三方服务等其他应用方法。

第一节　DeepSeek 的网页端应用

作为开放给普通用户的 LLM 服务，DeepSeek 的开发者深度求索，在自建服务器集群基础上，开发了基于 Web 的网页端服务入口。与其他模型不同的是，DeepSeek 的网页端服务是免费提供给用户的，注册账号后，用户可以使用诸如历史记录保存、个性化设置等丰富的功能。值得注意的是，这一入口所提供的服务基础是完整的 DeepSeek V3 和 R1 模型，模型参数量是所谓"满血"的 671b。也就是说，对于绝大多数普通用户而言，这一入口所能体验到的是成本最低、最为完善的全版本 DeepSeek 服务。

一、访问 DeepSeek 网页端

DeepSeek 目前提供网页端访问，用户无需下载即可使用。若想访问网页端，用户需持有一台具有 Internet 访问功能的个人计算机或智能设备。DeepSeek 网页端访问与计算机硬件本身和操作系统及其版本无关，但浏览器建议使用常用浏览器的最新版本，如 Microsoft Edge、Google Chrome、Safari、Firefox 等，各种主流国产浏览器一般也能使用。

（一）DeepSeek 网页端入口

一般而言，我们可以选择如下三种方法以实现对 DeepSeek 网页端的访问。

方法一：直接访问官网

用户在浏览器地址栏输入官方网址 https://www.deepseek.com，然后按下回车键或地址栏旁边的访问键，即可进入 DeepSeek 的官方网站（见图 2-1），在打开的页面中选择"开始对话"进入对话界面。

第二章 DeepSeek 使用方法详解

图 2-1 DeepSeek 官网首页

官方网站同时提供中英文两个版本,对于中国用户而言,一般打开即为中文界面,网站首页右上角提供语言切换选项。

方法二:搜索引擎查找

用户在百度、Google、必应等搜索引擎中输入"DeepSeek 官网"

或"DeepSeek AI"等关键字，选择官方链接进入。

请注意，作为入门用户使用此方法时，一定要注意页面结果是否有"广告"或"AD"字样，存在这些字样的搜索结果一般都不是官方入口。DeepSeek 目前提供的网页端入口为免费服务，所有向访问者弹出收费信息（包括但不限于扫描二维码等）的链接均为仿冒或恶意网站。

实际上，搜索结果链接应该是仅以"deepseek.com"为结尾的 URL，".com"之后不应有额外的域名后缀。图 2-2 是 Bing 搜索引擎的结果，可以看到的是，除了第一条明确给出"deepseek.com"网址链接，其他的都不是官网地址，有些甚至是恶意网站。对于入门用户来说，注意这一点是避免风险的重中之重。

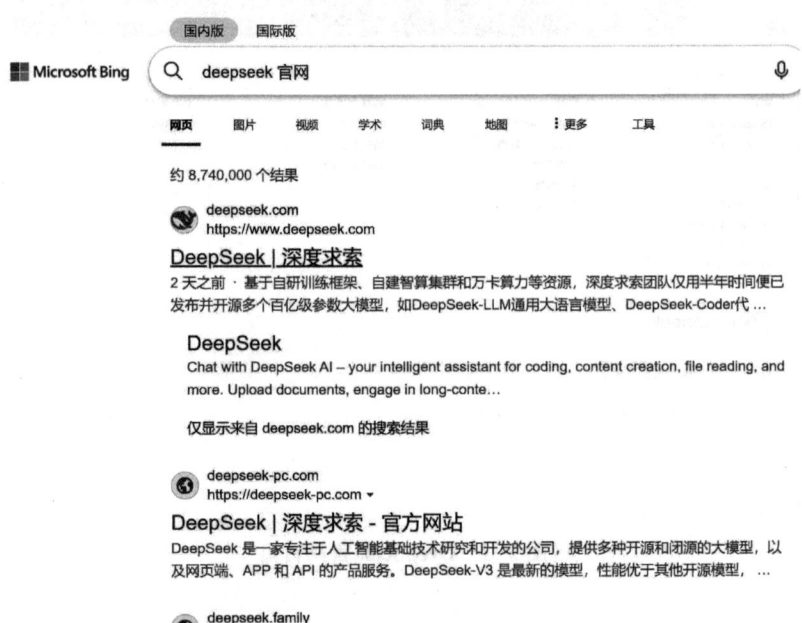

图 2-2　以"DeepSeek 官网"作为关键字在必应的搜索结果

另外,DeepSeek目前尚未推出官方的桌面和笔记本电脑可用的客户端程序,所以用户搜索到的所有号称可安装在桌面操作系统的客户端均为仿冒,请用户一定注意。

方法三:直接访问对话界面

除了访问网站首页后选择"开始对话","deepseek.com"域名下还提供深度求索公司的其他服务,针对用户开放的对话使用接口有着自己的专用二级域名,即 https://chat.deepseek.com,用户可以直接在浏览器网址中输入此域名进行访问,也可将其放入收藏夹以便日后使用。

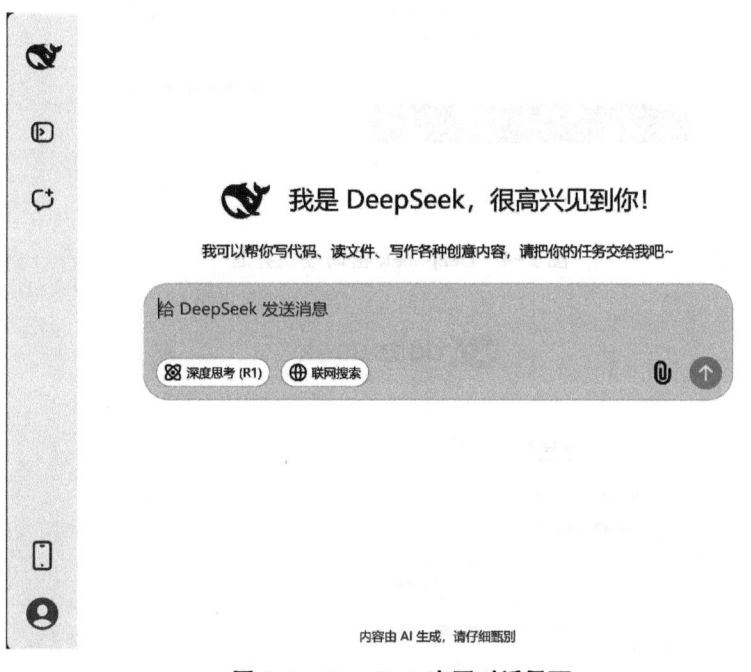

图 2-3　DeepSeek 官网对话界面

(二)注册与登录

针对国内用户,目前 DeepSeek 允许多种方式登录,包括手机验证码、微信扫码、邮箱地址等。用户注册账号后即可享受包括历史记录保存、个性化设置等在内的更多功能。国内用户想单独注册新账号的话，需要持有一个有效的+86 开头的手机号码。

图 2-4　DeepSeek 密码登录界面

图 2-5　DeepSeek 手机验证码登录界面

图 2-6　DeepSeek 注册界面

二、初始界面

DeepSeek 网页端以对话的模式提供服务，其界面在初始状态、普通对话状态、深度思考对话状态和联网搜索状态下有所不同。本小节主要介绍初始界面的基本功能，后续章节将继续介绍其他状态下的界面及其操作。

进入 DeepSeek 对话功能后，可以看到如图 2-7 所示的操作界面，它主要分为侧面导航栏、中间提示语及初始输入框等几个区域。

图 2-7　DeepSeek 官网对话模式操作界面

（一）侧面导航栏

侧面导航栏从上到下分别是 DeepSeek 标志、打开/关闭侧边栏、开启新对话、下载 App 和个人信息中心按钮。当按下打开侧边栏按钮时，用户可以查看注册以来所有的与 DeepSeek 进行过的对话历史记录。按下开启新对话按钮则可以打开新的对话界面。下载 App 按钮提供一个可以导向 App 安装文件下载的二维码，这一点将在本章第二节进一步介绍。个人信息中心则提供了系统设置、联系深度求索团队和退出登录等功能。

DeepSeek 的网页版当前支持 32K tokens 的上下文窗口长度，这大约是 2.4 万汉字或 2.5 万英文单词的长度，在这个范围内进行的对话提供多轮对话支持，用户在同一个对话窗口可以连续追问及修正需求，DeepSeek 可以在上一次提问和回答的基础上作出进一步回应。

在默认情况下，DeepSeek 的每个新对话之间是独立的，没有关联。对话的隔离性包括独立上下文和隐私保护，前者意味着每次用户通过刷新页面或新建聊天窗口开启新对话时，DeepSeek 会重置上下文记忆,无法自动关联之前的对话记录;后者则在设计上确保不同会话内容不会相互泄露,即使是在同一用户连续发起新对话的情况下。

DeepSeek 网页版在系统设置中提供了通用设置、账户管理和查看服务协议功能(见图 2-8)。

图 2-8 系统设置界面

通用设置允许用户单独在中英文和深浅色之间切换语言和主题,用户也可以选择跟随系统设置。账户管理则提供了删除对话、注销账户和退出所有设备的选择,用户同时可以选择是否允许 DeepSeek 将对话内容用于优化 DeepSeek 的使用体验,并得到在用户数据隐私安全保障方面的承诺。服务协议则提供了用户协议和隐私政策的查看入口。

(二)中间提示语

DeepSeek 的界面非常具有亲和力,在初始状态下,其以类人口吻向用户发出邀请,并提示用户自身服务包括写代码、读文件、写作各种创意内容等。这一部分将在对话开始后变成对话内容的主要展示区域,右侧为用户提出的请求,左侧为 DeepSeek 给出的回应。

(三)初始输入框

在初始状态下,用户对 DeepSeek 提出请求要通过输入框进行,用户可以以自然语言输入提问内容,并按下右下角箭头或键盘上的回车键以发送消息,发送箭头的旁边有添加附件按钮,用户可以上传最多50个、每个100 MB容量的附件,DeepSeek支持各类常见文档和图片,但目前版本的DeepSeek仅能识别附件里的文字。

输入框的左下角还有两个选项,分别是深度思考(R1)和联网搜索,选中深度思考则可以将初始的V3版本模型切换为R1版本模型,选中联网搜索则可以开启对话进程的搜索功能,这会让DeepSeek在此对话中能检索的范围不再局限于预先训练时的2024年7月前的内容。

三、基础使用

当用户没有选中深度思考和联网搜索而是直接进行对话时,他调用的是DeepSeek V3模型,即基础模式。在这一模式下,原本的中间提示语区域变成了对话区域,右侧是用户发送的提问消息,左侧是DeepSeek V3给出的回复内容(见图2-9)。

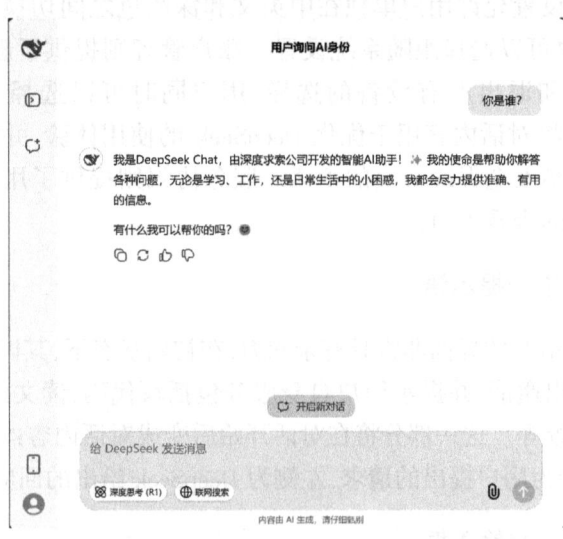

图2-9 DeepSeek基础模式对话界面

在回复内容生成之前,用户可以在输入框右下角原本的信息发送按钮处看到停止回复按钮,按下即可中止当前回复的进程。

在回复内容生成之后，回复的左下角会出现四个选项，分别是复制内容、重新生成、喜欢和不喜欢，用户可以把带有 MarkDown 语法标记的内容复制到剪贴板以作他用，如让 DeepSeek 重新生成答案，给 DeepSeek 提供正反面的反馈等。

用户可以在 DeepSeek V3 模型所支持的上下文长度里持续提出新的问题，模型会结合上下文问题及答案给出持续的回复，直至资源耗尽，此时用户必须开启新对话方可继续提问。用户也可以主动点击输入框上面的"开启新对话"按钮以开启新的对话进程。对话进程中，用户随时可以选择"深度思考（R1）"和"联网搜索"切换深度思考模式与联网搜索模式，亦可随时上传文件。对话中其他功能遵循初始页面逻辑即可正常使用。

四、深度思考模式与联网搜索模式

当用户打开深度思考模式后，DeepSeek 会从当前页面切换到 R1 模型，它具备推理和思考能力（见图 2-10）。在这一模式下，DeepSeek-R1 模型与 V3 模型给出答案的模式不同，前者会在给出

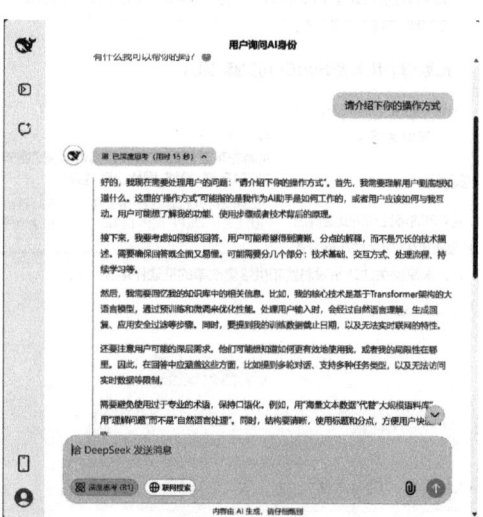

图 2-10　DeepSeek 深度思考模式对话界面

正式答案之前增加深度思考步骤,并在对话区域里增加以灰色字呈现的深度思考过程,并在开头提示"已深度思考"和用时长度。深度思考过程会呈现 R1 模型的推理过程,其自主纠正能力和逻辑推理能力即体现于此。在思考过后,DeepSeek 会给出新的正式答案,此时诸如复制等功能与基础模式一致。用户也可以在上下文支持范围内持续追问。

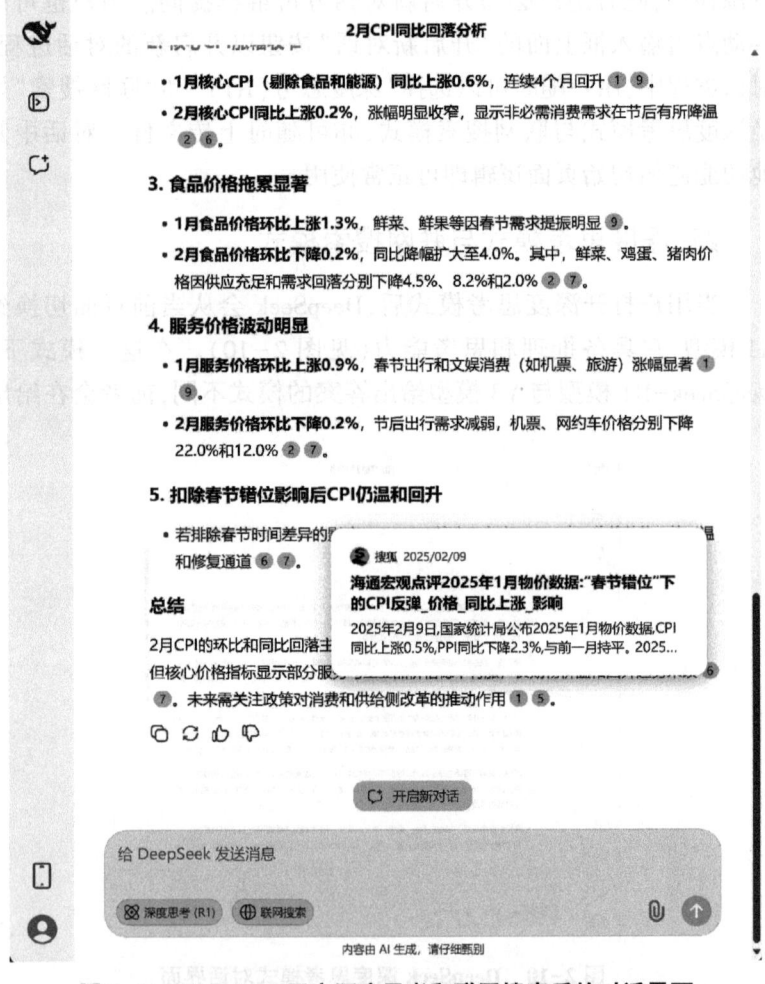

图 2-11　DeepSeek 开启深度思考和联网搜索后的对话界面

DeepSeek 还提供了联网搜索功能，开启该功能后，它会实时搜索网络信息以补充回答内容，这可能会需要更长的时间，其所搜寻到的资源也因关键词不同和网络实际情况而异。在这一模式下，DeepSeek 会在引用网络资源时给出对应的资源地址，用户应对这些资源进行二次鉴定以确保可靠。联网搜索功能可以同基础模式、深度思考模式自由组合。从图 2-11 我们可以看到，开启联网搜索功能后，DeepSeek 会结合新的网络资料进行回答，并提供可以追溯的参考网页地址。

五、不同应用场景下的提示词技巧

DeepSeek 在其官方网站的文档栏目里给出了一套针对不同场景推荐的高效互动提示词，用户可以通过 https://api-docs.deepseek.com/zh-cn/prompt-library/ 访问，其主要内容可以分类整理如下：

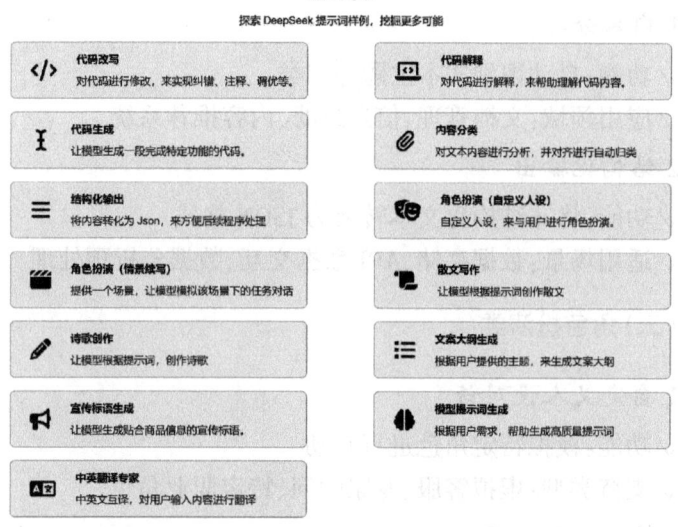

图 2-12　DeepSeek 官方提示词样例库

(一)代码处理类

1.代码改写

✓功能:对现有代码进行修改优化

✓具体方向:代码错误修正、添加注释说明、性能调优、代码风格统一

2.代码解释

✓功能:对代码逻辑进行自然语言解读

✓适用场景:帮助开发者理解复杂代码、技术文档生成、教学辅助

3.代码生成

✓功能:根据需求生成完整功能代码

✓支持类型:算法实现、API接口开发、特定功能模块编写

(二)文本处理类

1.内容分类

✓功能:自动识别文本主题并归类

✓应用领域:文档管理、信息过滤、内容推荐系统

2.结构化输出

✓功能:将非结构化文本转换为JSON格式

✓适用场景:数据存储、API数据交互、数据分析预处理

(三)角色扮演类

1.自定义人设对话

✓功能:模拟特定角色进行互动

✓支持类型:虚拟客服、专家顾问、特定职业角色

2.情景对话续写

✓功能:根据场景设定生成连贯对话

✓ 应用场景:故事创作、剧本编写、客服话术设计

(四) 创意写作类

1.散文创作

✓ 功能:基于关键词生成文学性散文

✓ 支持方向:抒情散文、叙事散文、哲理散文

2.诗歌创作

✓ 功能:创作押韵诗歌

✓ 支持类型:现代诗、古诗、藏头诗等形式

3.文案大纲生成

✓ 功能:构建完整文案框架

✓ 适用场景:营销文案、产品介绍、报告撰写

4.宣传标语生成

✓ 功能:创作品牌、产品宣传语

✓ 特点:强调卖点、易记、引发情感共鸣

(五) 工具类功能

1.模型提示词生成

✓ 功能:优化用户输入的提示词

✓ 适用场景:提升模型输出效果、专业领域应用

2.中英翻译专家

✓ 功能:提供精准的双向语言翻译

✓ 支持类型:技术文档、商务信函、文学作品等

用户可以在前述网址内访问这个可交互的页面,页面里提供了各个场景下具体的提示词样例和输出效果,用户还可以在这些样例基础上进一步整合或修改以开发自己需要的功能。本书后半部分即针对一些常见的应用场景,给出经过验证的提示词实例及其效果,供读者参考学习。

第二节　DeepSeek 的移动 App 端应用

在网页端接口之外，DeepSeek 还推出了官方的移动端 App，让用户可以随时随地享受 AI 带来的便利。App 支持 iOS 和 Android 两大平台，国内主流手机品牌所采用的基于 Android 定制的操作系统也在支持范围之内。其功能、设计和交互与网页端类似，也是接入了"满血"的 V3 和 R1 模型，支持上传文件和联网搜索。

本节将从 DeepSeek App 的下载、安装与使用等几个方面进行介绍。

一、下载安装与注册登录

（一）iOS 平台安装方法

DeepSeek 官方 App 于 2025 年 1 月 11 日首次在苹果官方 App Store 上架发布，供用户免费下载，受到全球用户热捧。其在 2025 年 1 月 26 日就成为美国免费应用排行榜第一名，后又在全球其他 51 个国家和地区登顶。成为热点也引来了仿冒者，用户在搜索"DeepSeek"时一定要提高警惕，确保开发者是"杭州深度求索人工智能基础技术研究有限公司"，且提示为免费或 Free 时才可下载。

在 iOS 的 App Store 里，DeepSeek 的官方 App 有 iPhone 和 iPad 的不同版本，基本功能和逻辑一致，外观根据屏幕分辨率和比例有所差别。截至 2025 年 3 月，其最新版本为 1.1.3，提供多种语言支持。用户下载安装需按照如下步骤：

（1）打开 App Store，在搜索栏输入"DeepSeek"；

（2）找到官方应用（开发者是杭州深度求索人工智能基础技术研究有限公司）；

（3）点击"获取"按钮，使用面容 ID、触控 ID 或密码，通过验证后下载安装；

(4)安装完成后点击图标打开应用。

(二)Android 平台安装方法

DeepSeek 官方 App 已经上架 Google 官方 Play 商店以及主流手机品牌各自推出的软件商店,如华为、OPPO、VIVO、三星等。不同品牌的软件商店界面有所区别,但用户在搜索下载时只要认准官方 App 图标和发布者杭州深度求索人工智能基础技术研究有限公司,且没有任何收费提示,即可避免下载仿冒品。截至 2025 年 3 月,其最新版本为 1.1.4,提供多种语言和高分辨率屏幕支持。其基本的下载安装步骤如下:

(1)打开软件商店,在搜索栏输入"DeepSeek";

(2)找到官方应用(开发者是杭州深度求索人工智能基础技术研究有限公司);

(3)点击"安装"按钮;

(4)安装完成后在桌面或应用菜单中找到图标,点击以打开应用。

除此之外,Android 系列平台还支持 APK 文件独立安装,这一途径适用于万一无法在软件商店安装的情况,用户可在第一节提到的网页端 DeepSeek 的侧边栏里找到"下载 App"选项,即可下载到官方正版的 App。用户将下载到的 APK 文件复制到手机端,在手机设置中打开"安装未知来源应用"选项,即可点击 APK 文件进行安装。之后的使用途径与在软件商店下载的一致。

(三)微信小程序调用

除了原生 App,DeepSeek 还开发了官方的微信小程序。不想下载 App 或操作系统不属于 iOS 及 Android 的移动设备用户,可以通过这一途径体验移动化的 DeepSeek 官方服务。其访问方法如下:

在微信各个搜索入口中,如首页右上角搜索键、发现页里的"搜一搜"、首页下拉页面右上角的搜索键等处输入框内输入

"DeepSeek"即可搜索到结果,在打开前请确认,开发者为杭州深度求索人工智能基础技术研究有限公司的才是 DeepSeek 的官方小程序。用户点击正确的图标即可访问服务,可直接进行对话,或在左侧边栏内选择登录。登录页提供了包括微信绑定手机号、验证码及密码等多种登录方式。

(四)注册与登录

DeepSeek 在各个平台的移动端均提供了类似的登录途径,支持 +86 开头的手机号码、账户密码以及微信、Apple ID、Google Account 等登录方式。

图 2-13　DeepSeek 移动端的登录界面(分别为 iOS、Android 和微信小程序)

二、具体的功能使用

DeepSeek 官方移动端 App 的使用逻辑与网页端是类似的。用户可以直接在提问框内提出问题,按发送键并等候 DeepSeek 的回复。App 界面简洁直观,一次登录后即可直接进入对话界面,对话界面主要分为三个模块,对话区、功能栏和输入框。

(一) 对话区

在对话开始之前,屏幕正中会有友好的功能提示语,提示用户开始对话。当对话开始后,屏幕主体会变成类似即时通信软件聊天窗口一样的布局。屏幕上方是聊天记录,你和 DeepSeek 的对话会按时间顺序排列。每条消息通过背景色和头像区分用户和 DeepSeek,左侧有小鲸鱼图标的为 DeepSeek 反馈。对于 DeepSeek 的回复,我们可以长按唤出菜单,执行复制、选择文本、重新生成等操作,还可以选择喜欢、不喜欢或举报来帮助 DeepSeek 改进回答。长按用户的提问则可以执行复制、选择文本或编辑重新提问操作。

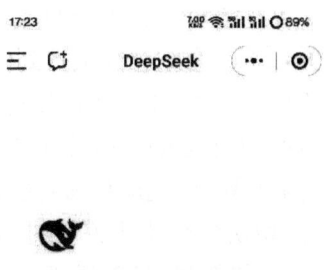

图 2-14 DeepSeek 官方移动端 App 主界面

(二) 功能栏

通常来说,用户可以按压屏幕左上角的长短线键以唤出隐藏功能,功能栏主体是聊天记录,用户可以点选以查看过往对话。界面最下方则是用户的个人信息和设置链接。在设置页面,用户可以进行账号信息和数据管理,可以设置应用的语言和外观,可以查看诸如用户协议、隐私政策等文档,可以唤起 App 更新检查,也可以与开发团队取得联系。

（三）输入框

App 主界面的底部文本框可输入问题,右侧发送按钮提交。支持连续对话,AI 会自动联系上下文(例如你问"他的成就?",DeepSeek 会结合前文提到的"爱因斯坦"回答)。此外,输入框还包括其他三个功能按钮,分别是:"深度思考"切换按钮,开启后 DeepSeek 切换至 R1 模型,可以进行更详细的思考和推理式分析,适合复杂问题,但响应稍慢;关闭则回复更快,适合简单问答;"联网搜索"切换按钮默认关闭,打开后 DeepSeek 会实时搜索网络补充信息,比如新闻、最新数据等,但可能增加响应时间;"额外功能"按钮,支持拍照识文字、图片识文字以及上传文件等格式,上传后 AI 能读取内容并回答相关问题,如识别文字、总结文件、提取数据等。要注意的是,目前 App 不支持同时开启联网搜索和上传文件,但可以同时开启深度思考和联网模式。

DeepSeek 官方 App 在遇到网络繁忙时会在对话窗口弹出提醒,用户可以选择让 DeepSeek 重新回答。App 的对话记录提供云同步,不仅更换设备可保留记录,而且只要登录同一个账号,在网页端和 App 的对话均可同步。用户在使用 App 时要注意多轮对话限制的存在,超长对话超过上下文长度后,DeepSeek 可能遗忘早期内容,建议重要信息重复说明,或针对不同的问题开启新的对话。DeepSeek 官方客户端 App 整体操作无复杂步骤,功能按键即用即生效,适合快速获取信息或深入分析问题。

第三节　DeepSeek 的 API 应用

除了面向普通用户的直接对话式途径,在面向进阶用户时,DeepSeek 还推出了开放的应用程序编程接口(Application Programming Interface,API)服务。API 是程序开发者预先设计好的一种接口或封装好的一组函数,它可以帮助其他开发人员和第三方应用程序基于某种软件或硬件的方式,在无需接触程序源代码或理解程序内部工作细节的前提下,访问该程序内部的一组或多组预先写好的代码。第三方程序及其开发者简单调用这些接口和函数即可利用该程序所提供的功能以完成更复杂的工作。

API技术大大降低了第三方程序开发对应功能的成本和难度,说得通俗一点,这种技术可以让开发者在得到授权的前提下,以更简便的方法把别的开发者开发的程序和功能整合到自己的系统之中。DeepSeek具有强大的自然语言处理能力,一般开发者想要从零开始建构一套具备类似能力的系统,其难度可想而知。而有了DeepSeek API服务,一般开发者可以轻松将先进的大语言模型能力集成到自己的应用程序,包括文本生成、对话交互、代码补全等多种AI能力。

一、注册与账号管理

DeepSeek的API需要用户在官方网站进行注册方可使用。用户可以在DeepSeek官方网站首页右上角找到API开放平台的入口,也可以直接访问API开放平台的网址https://platform.deepseek.com/,进入开放平台界面后,用户可以使用与对话界面一致的方法注册登录。

用户在注册登录后,需进行实名认证,认证通过后可以充值,之后即可享受平台服务。在平台的个人信息栏里,用户可以选择对语言和色彩主题进行设置,同时可以选择退出登录或注销账号。

二、付费与计费标准

DeepSeek的API开放平台目前为收费服务,模型价格以"百万tokens"为单位。Token是模型用来表示自然语言文本的最小单位,可以是一个词、一个数字或一个标点符号等。DeepSeek将根据模型输入和输出的总token数进行计费。截至2025年3月,其价格表如下:

表 2-1 DeepSeek API 服务模型价格表

模型		DeepSeek-Chat	DeepSeek-Reasoner
上下文长度		64K	64K
最大思维链长度		-	32K
最大输出长度		8K	8K
标准时段价格 （北京时间 08:30—00:30）	百万 tokens 输入（缓存命中）	0.5 元	1 元
	百万 tokens 输入（缓存未命中）	2 元	4 元
	百万 tokens 输出	8 元	16 元
优惠时段价格 （北京时间 00:30—08:30）	百万 tokens 输入（缓存命中）	0.25 元（5 折）	0.25 元（2.5 折）
	百万 tokens 输入（缓存未命中）	1 元（5 折）	1 元（2.5 折）
	百万 tokens 输出	4 元（5 折）	4 元（2.5 折）

表中包含两种不同模型的收费标准，DeepSeek-Chat 模型对应 DeepSeek-V3；DeepSeek-Reasoner 模型对应 DeepSeek-R1。思维链为 DeepSeek-Reasoner 模型在给出正式回答之前的思考过程，这一部分也会消耗 token 数。如用户未指定 max_tokens，默认最大输出长度为 4K，用户可以调整 max_tokens 以支持更长的输出。DeepSeek-Reasoner 的输出 token 数包含了思维链和最终答案的所有 token，其计价标准相同。DeepSeek API 实行错峰优惠定价，每日优惠时段为北京时间 00:30—08:30，其余时间按照标准价格计费，计价时间为该请求完成的时间。

用户可以通过对公汇款或在线充值方式进行充值，后者支持支付宝或微信支付，充值金额仅用于调用 API 服务，网页端及 App 对话是免费的。充值余额无使用时长限制，在平台首页还可以查看每月用量及账户余额、消费情况等。自 2025 年 2 月 8 日起，原来的新账户赠送十元余额活动已经结束，但即便如此，DeepSeek API 费用在所有 LLM API 中属于较低的档位，对用户而言消费压力并不大。一般而言，在 DeepSeek 模型中 token 和自然字数的换算比例为1个英文字符约等于0.3个token，1个中文字符约等于0.6个token，这一比例也会随着模型分词不同而变化。DeepSeek官方提供usage返回信息或离线tokenizer来帮助用户把握token用量以控制成本。

三、API调用操作指南

（一）DeepSeek API 的获取

DeepSeek API 的调用首先需要获取 API key，这是所有经由 API 调用 DeepSeek 功能的前提。DeepSeek 的 API 兼容 OpenAI 的 API 格式，在第三方软件或独立开发中，用户可以使用专门的 DeepSeek API 语句，也可以使用既有的 OpenAI API SDK 对其进行调用。DeepSeek API key 的 base_url 是 https://api.deepseek.com，出于与 OpenAI 兼容考虑，用户也可以将 base_url 设置为 https://api.deepseek.com/v1 来使用，但此处的 V1 与模型版本无关。用户可以在调用时通过指定 model 为 DeepSeek-Chat 或 DeepSeek-Reasoner 来调用最新的 V3 或 R1 模型。

DeepSeek API key 可通过开放平台中 API keys 入口进行申请，用户可以创建多个 key，并在创建时复制。API key 一般以"sk-"开

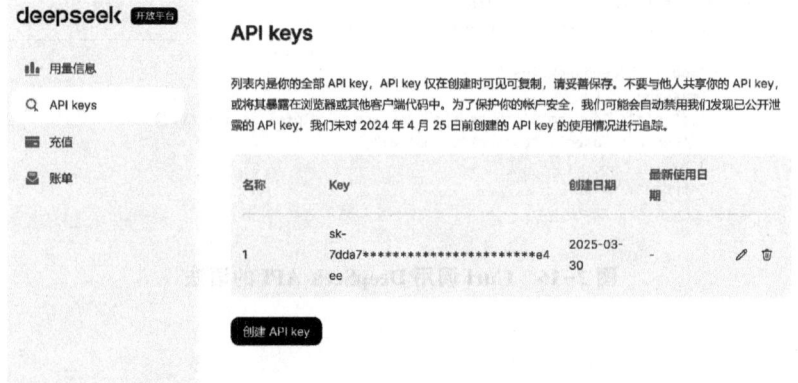

图 2-15　DeepSeek 开放平台 API keys 管理界面

头,表现为一串字符,这串字符只在创建时可见,之后无法二次查看,因为其是用户使用 DeepSeek API 的唯一凭据,且牵涉费用问题,故用户需要保存并保管好这串字符,不应与任何第三方分享,如若丢失,只能重新创建一个新的 key。当用户执行删除操作时,该 API key 将立即被禁用,用户将无法再查看或修改此 API key。使用此 API key 发出的请求将被拒绝,这可能会导致依赖它的所有系统崩溃。为了保护用户账号安全,DeepSeek 可能会自动禁用已被公开泄露的 API key。

(二)DeepSeek API 的访问

在创建 API key 之后,用户可以使用以下各图中样例脚本的语法来访问 DeepSeek API。样例为非流式输出,用户可以将 stream 设置为 true 使用流式输出。图中"<DeepSeek API Key>"语句应替换为用户创建的 key。对于具有图形界面的可集成 LLM API key 的第三方应用而言,用户只需在添加 DeepSeek API key 或 OpenAI API key 的位置填入自己申请的 API key 即可。

```
curl    python    nodejs

curl https://api.deepseek.com/chat/completions \
  -H "Content-Type: application/json" \
  -H "Authorization: Bearer <DeepSeek API Key>" \
  -d '{
        "model": "deepseek-chat",
        "messages": [
          {"role": "system", "content": "You are a helpful assistant."},
          {"role": "user", "content": "Hello!"}
        ],
        "stream": false
      }'
```

图 2-16　Curl 调用 DeepSeek API 的语法

curl　python　nodejs

```python
# Please install OpenAI SDK first: `pip3 install openai`

from openai import OpenAI

client = OpenAI(api_key="<DeepSeek API Key>", base_url="https://api.deepseek.com")

response = client.chat.completions.create(
    model="deepseek-chat",
    messages=[
        {"role": "system", "content": "You are a helpful assistant"},
        {"role": "user", "content": "Hello"},
    ],
    stream=False
)

print(response.choices[0].message.content)
```

图 2-17　Python 调用 DeepSeek API 的语法

curl　python　nodejs

```javascript
// Please install OpenAI SDK first: `npm install openai`

import OpenAI from "openai";

const openai = new OpenAI({
        baseURL: 'https://api.deepseek.com',
        apiKey: '<DeepSeek API Key>'
});

async function main() {
  const completion = await openai.chat.completions.create({
    messages: [{ role: "system", content: "You are a helpful assistant." }],
    model: "deepseek-chat",
  });

  console.log(completion.choices[0].message.content);
}

main();
```

图 2-18　Nodejs 调用 DeepSeek API 的语法

(三)DeepSeek API 的设置和状态

通过 API 调用 DeepSeek 时,系统支持 temperature 设置以在严谨和发散之间按需调整。DeepSeek 建议用户按如下表格设置不同场景的 temperature,默认值是 1。

表 2-2　不同场景的 temperature 设置

场景	Temperature
代码生成/数学解题	0.0
数据抽取/分析	1.0
通用对话	1.3
翻译	1.3
创意类写作/诗歌创作	1.5

DeepSeek API 不限制用户并发量,深度求索公司承诺尽力保证所有请求的服务质量。但其亦声称,服务器的响应时间根据承受的流量压力而不同,用户请求可能需要等待一段时间才能获取响应,在这段时间里,HTTP 请求会保持连接,并持续收到如下格式的返回内容:

(1)非流式请求:持续返回空行;

(2)流式请求:持续返回 SSE keep-alive 注释(: keep-alive)

这些内容不影响 OpenAI SDK 对响应的 JSON body 的解析,用户在自行解析 HTTP 响应时需要注意处理这些空行或注释。如果 30 分钟后仍未完成请求,服务器将关闭连接。

DeepSeek API 会根据不同错误返回对应的错误码,常见情况如下表:

表 2-3 DeepSeek API 错误码及描述对应表

错误码	描述
400—格式错误	原因：请求体格式错误 解决方法：请根据错误信息提示修改请求体
401—认证失败	原因：API key 错误，认证失败 解决方法：请检查您的 API key 是否正确；如没有 API key，请先创建 API key
402—余额不足	原因：账号余额不足 解决方法：请确认账号余额，并前往充值页面进行充值
422—参数错误	原因：请求体参数错误 解决方法：请根据错误信息提示修改相关参数
429—请求速率达到上限	原因：请求速率（TPM 或 RPM）达到上限 解决方法：请合理规划您的请求速率
500—服务器故障	原因：服务器内部故障 解决方法：请等待后重试；若问题一直存在，请联系我们解决
503—服务器繁忙	原因：服务器负载过高 解决方法：请稍后重试您的请求

用户可以通过 https://status.deepseek.com/ 查看 DeepSeek 所有服务的运行状况及特殊事件，运行状况为绿色时服务正常，运行状况为黄色、橙色和红色则对应着不同程度的异常，这种异常一般是由于用户请求太多或 DeepSeek 服务器遭受攻击所致。用户还可以通过 https://api-docs.deepseek.com/zh-cn/ 访问 DeepSeek API 文档以获取各种技术支持。

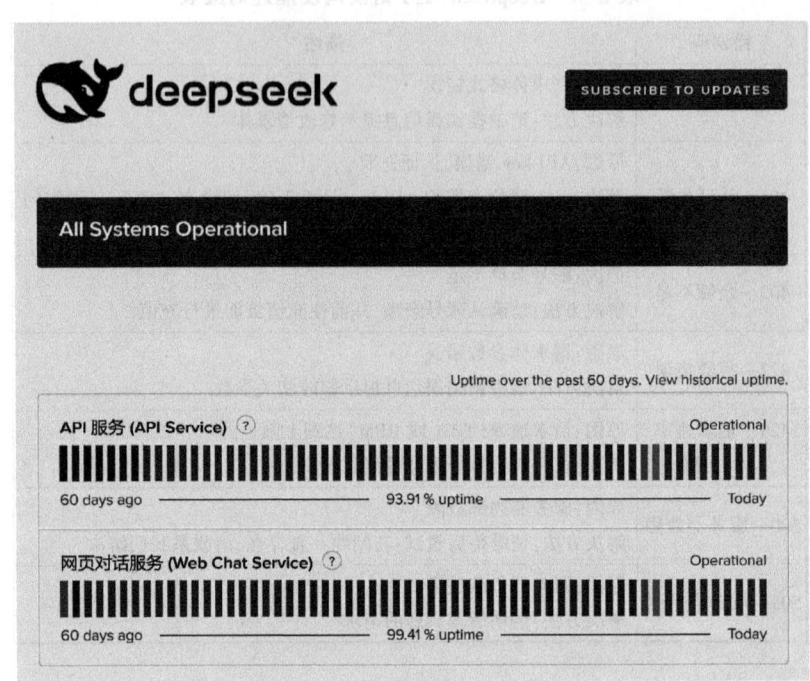

图 2-19　DeepSeek 服务状况提示

(四) 常见的可调用 DeepSeek API 的应用

所有可以调用 LLM API 的第三方软件在理论上均可以调用 DeepSeek API,开发者也可以在自己开发的代码中通过对应接口调用 DeepSeek API。此外,DeepSeek 官方给出了一系列经过验证的第三方实用集成列表,用户可以在开放平台的"实用集成"连接内找到,或通过 https://github.com/deepseek-ai/awesome-deepseek-integration/tree/main 访问"DeepSeek 实用集成"(Awesome DeepSeek Integration)项目以查看该列表的详细内容。

第二章　DeepSeek 使用方法详解

图 2-20　"DeepSeek 实用集成"官方项目页面

在这个列表中，DeepSeek 团队给出了包括应用程序、AI Agent 等 16 个类别近百个可集成 DeepSeek API 的第三方应用实用集成方案，主要分类和部分应用如下。

1. 核心应用

（1）本地部署工具：eechat、AingDesk（支持多模型本地化部署）

（2）工作助手：钉钉 AI 助理、LawAgent（法律场景）

（3）聊天应用：Chatbox AI、SwiftChat（多平台）、DeepChat（桌面端）

（4）文档工具：ChatDOC（溯源）、ChatPDFLocal（PDF 交互）

（5）编程辅助：CodingSee（少儿编程）、SeekCode Copilot（代码补全）

2. 框架生态

（1）智能体框架：Anda（Rust）、agentUniverse（金融场景）

（2）RAG 引擎：RAGFlow、Autoflow（知识库问答）

（3）加密技术：Mind FHE（全同态加密）

（4）数据应用：DB-GPT（数据库 AI 框架）

3. 生产力工具

（1）办公插件：AiPPT（生成 PPT）、OfficeAI 助手（多办公场景）

（2）浏览器插件：沉浸式翻译、DeepChat 侧边栏

（3）代码工具：Continue（VS Code）、llm.nvim（Neovim）

4. 特色方案

（1）隐私保护：支持本地化部署与 FHE 加密

（2）多模协同：集成图像生成、语音交互等能力

（3）垂直场景：金融（Alpha 派）、教育（CodingSee）、法律（LawAgent）

所有方案均需通过 DeepSeek 开放平台获取 API key，部分项目提供开源代码和私有化部署选项，读者可以访问前述网址以查看最新的应用列表，并根据实际需求选择。如果用户只是需要对话应用的话，使用 Chatbox AI 即可获取较为友好的界面完成任务。

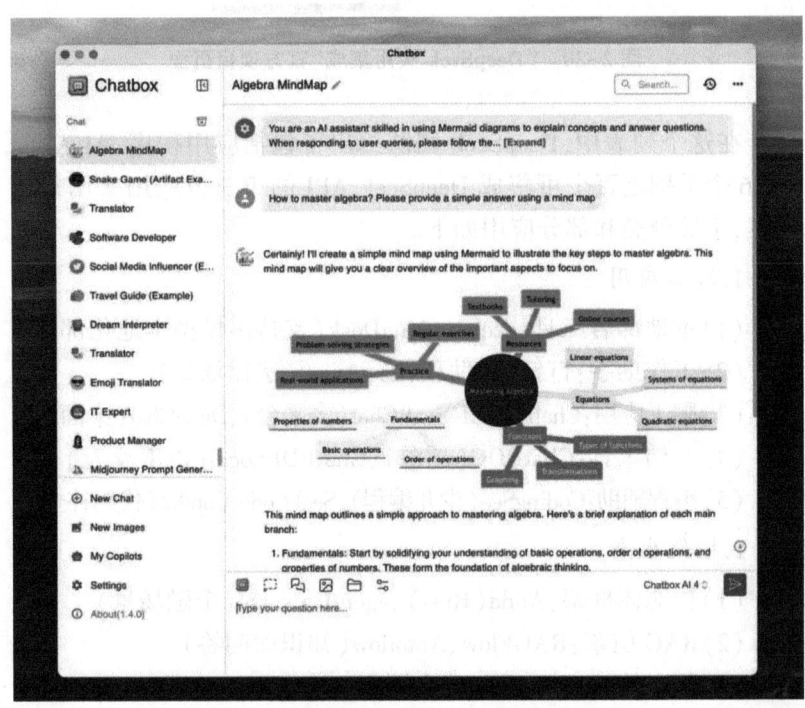

图 2-21　Chatbox AI 界面

第四节　DeepSeek 的其他应用方法

2025 年年初，DeepSeek 意外出圈，用户数量直线攀升，各种途径的访问量激增，官网提供的各个渠道的服务出现了严重的迟缓甚至中断问题，这一境遇在 DeepSeek App 于 1 月 27 日在美区 App Store 登顶免费榜之后变得更加严重。随后，DeepSeek 的官方服务遭遇了大规模恶意攻击，这进一步加剧了系统负载。虽然在之后的一段时间里，DeepSeek 采用了多种方案以恢复服务，恶意攻击也得到遏制，但用户体验随着绝对用户量超数量级的增加而不复开始的体验，对话（尤其是高峰期时）越来越容易触发"服务繁忙"提示，深度思考和联网搜索功能的时延问题相较服务上线初期变得严重。

为了应对这一状况，DeepSeek 官方服务作出了一些调整，但对于已经百倍增长的用户总数而言，仅仅寄希望于 DeepSeek 自备服务器完美达成对所有人的服务无疑是十分困难的。而对于部分用户如数据安全保证等的进阶需求来说，将所有信息都上传至联网服务商可能会有一定的风险。因此，在使用 DeepSeek 官网、App 以及 API 提供的服务之余，得益于其对 MIT 开源协议的遵守，我们现有其他的方案以使用 DeepSeek 带来的各项能力，这方面主要包括第三方服务提供商部署的 DeepSeek V3 及 R1 模型，以及用户依赖本地硬件和软件环境部署不同量级的 DeepSeek 模型两大方案。

一、第三方服务提供商

DeepSeek 一直以来是全球开源 LLM 领域的翘楚，其现在发布的所有模型均在第一时间以 MIT 协议向全社区开源，几乎所有第三方都能以自有资源部署 V3 或 R1 模型，并对外提供服务。对于仅需 LLM 服务的终端用户而言，除了使用 DeepSeek 官方的各种渠道，也可以在多种第三方服务提供商所提供的对话式服务和 API

服务之间进行选择,这些服务不乏免费提供者,收费的 API 成本相对较低,它们一起建构丰富的 DeepSeek 生态。

对国内终端用户而言,常用的 DeepSeek 第三方服务提供商可以分为可直接访问的网页应用服务和云服务 API 提供商两大类,前者可以通过浏览器直接访问,对话方式和使用体验与 DeepSeek 官方网页端一致,后者则通过各自的 API 接口建立访问,服务方式与 DeepSeek 官方 API 一致,价格因提供商不同而不同。值得注意的是,本文仅介绍在中国境内可以合法流畅访问的服务,针对全球用户,还有一些部署在境外的服务提供商,如 NVIDIA、微软 Azure、GitHub Models、Perplexity、Huggingface Playground 等,境内用户使用它们的门槛较高,体验也不如境内服务商,故本文对这部分服务提供商的介绍从略。

(一)可直接访问的网页/应用服务

可直接访问的网页/应用服务是提供第三方 DeepSeek 服务的主流模式,包括原本提供搜索引擎服务的企业,专门提供 LLM 服务的中间商平台企业,以及一些专门化的服务商。根据主营业务不同,这些平台提供的服务略有差别,值得注意的是,他们所号称的"满血版"是 DeepSeek 遵循 MIT 协议开源后的模型的部署,但训练过程并没有同步开源,所以这些服务与 DeepSeek 官网相比仍有一定的不同。

随着时间的推移,提供第三方 DeepSeek 网页应用服务的平台数量越来越多,本书在此介绍一些常见的平台,读者也可以尝试其他能搜索到的地址。本文所涉及的下列示例服务均提供了同等功能的移动端 App,部分还提供了微信小程序和桌面客户端,用户可以根据实际情况选择使用。

1.秘塔 AI 搜索

秘塔 AI 搜索(https://metaso.cn/)来自上海秘塔网络科技有限公司,其部署了完整版的 DeepSeek,支持在 V3 和 R1 之间进行切换,且提供搜索和额外开发的研究功能(见图 2-22)。

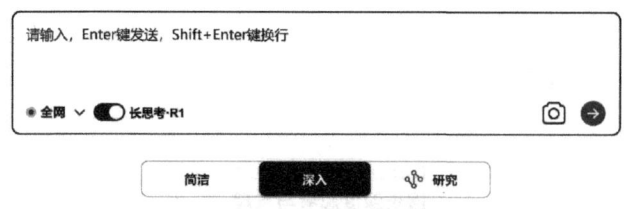

图 2-22　秘塔 AI 搜索界面

2. 纳米 AI 搜索

纳米 AI 搜索（https://www.n.cn/）来自 360 公司，提供了深度思考模式以调取 671B 的 DeepSeek-R1，其侧重点在于整合搜索结果以供回答问题（见图 2-23）。

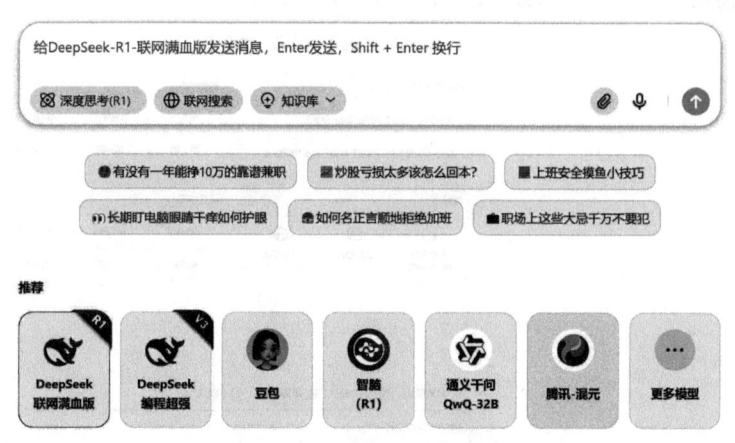

图 2-23　纳米 AI 搜索界面

3.阶跃 AI

阶跃 AI(https://yuewen.cn/chats)来自上海阶跃星辰公司,其在自有模型 Step 系列之外,部署了 DeepSeek-R1 模型供用户选择(见图 2-24)。

图 2-24　阶跃 AI 界面

4.百度 AI 搜索

百度在自有 AI 大模型文心一言系列之外,也提供了接入 DeepSeek-R1 的 AI 搜索服务(https://chat.baidu.com/),在免费、免登录、免下载前提下提供了完整的 DeepSeek 服务,并提供多种功能入口(见图 2-25)。

图 2-25　百度 AI 搜索界面

5.超算互联网

超算互联网（https://www.scnet.cn/ui/chatbot）所提供的人工智能助手基于蒸馏过的DeepSeek-R1模型，包括7B、32B和70B不同的尺寸，使用体验与完整的671B有一定出入（见图2-26）。

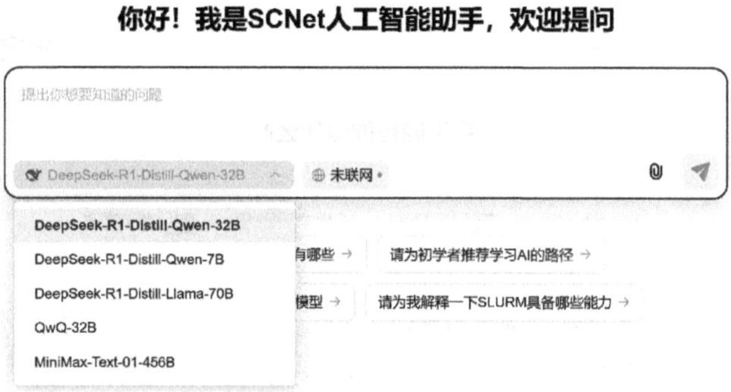

图2-26 超算互联网人工智能助手界面

6.华为小艺

华为小艺（https://xiaoyi.huawei.com/）是由华为软件技术有限公司提供的服务，包含AI问答、AI识图、AI阅读、AI翻译、AI写作、代码生成等功能（见图2-27）。

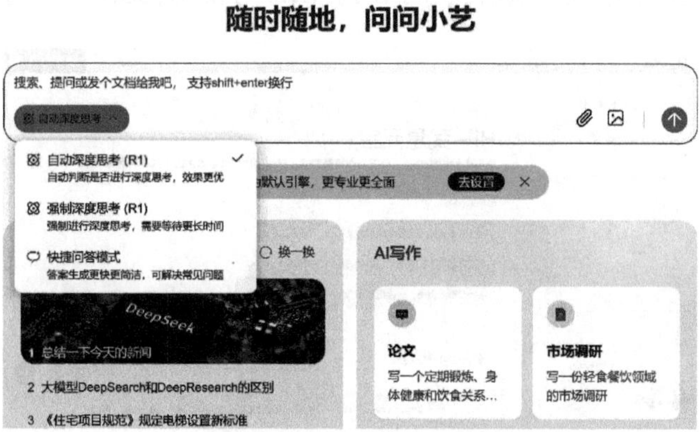

图2-27 华为小艺界面

7. Monica

Monica（https://monica.cn/home/chat）是由北京蝴蝶效应科技有限公司通过网页、应用程序等多种形式提供的智能对话服务，它部署了 DeepSeek 完整版的 V3 和 R1，根据用户需求提供信息检索、内容生成等智能化服务（见图 2-28）。

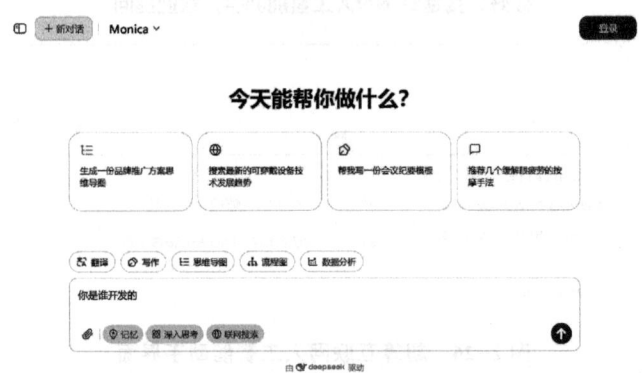

图 2-28　Monica 界面

8. 腾讯元宝

腾讯元宝（https://yuanbao.tencent.com/）来自行业巨头腾讯，它部署了完整的 DeepSeek 模型，提供友好的用户界面和丰富的功能，支持联网搜索，微信、QQ 扫码登录即可使用（见图 2-29）。

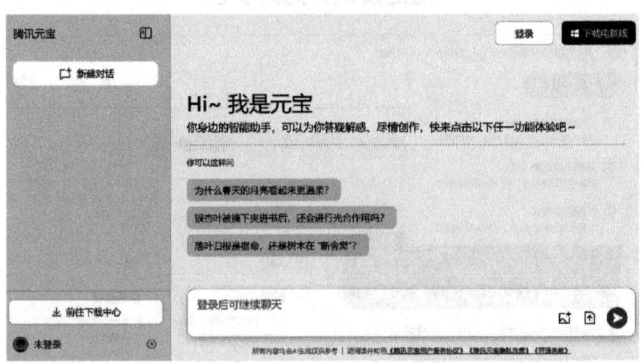

图 2-29　腾讯元宝界面

9. 知乎直答

知乎直答（https://zhida.zhihu.com/）整合了 DeepSeek-R1 和知乎的丰富知识库，自带联网搜索功能，擅长学术、科技等专业领域问答（见图 2-30）。

图 2-30　知乎直答界面

（二）云服务 API 提供商

正如前文介绍过的，在较为简单的网页端对话方式之外，我们还可以通过 API 接入的方式使用 DeepSeek 以满足更高层次的应用需求，而在官方 API 服务之外，DeepSeek 没有限制第三方云服务提供商建立自己的 API 服务。目前，在国内能正常使用且效果较好的 DeepSeek 云服务 API 提供商主要有以下几个。

1. 硅基流动（SiliconFlow）

硅基流动提供 DeepSeek-R1 和 V3 模型，注册赠送 2000 万 Tokens，需结合 Chatbox.ai 等工具配置。它适用于开发者或企业定制化需求。

地址：https://siliconflow.cn/zh-cn/

2. 火山引擎（字节跳动）

火山引擎支持网页聊天和 API 调用，性能与官方一致。它适用于企业级部署或高频调用。

地址：https://console.volcengine.com/ark

3.百度云千帆

百度云千帆提供100万Tokens免费额度，支持V3和R1模型，适合中小开发者。

地址：https://cloud.baidu.com/product-s/qianfan_modelbuilder

4.阿里云百炼

阿里云百炼可一键部署DeepSeek-V3和R1及蒸馏模型，支持灵活参数配置，新用户开通可有100万免费Tokens。

地址：https://bailian.console.aliyun.com/

5.腾讯云API

腾讯云API与OpenAI接口完全兼容，支持DeepSeek-V3和DeepSeek-R1双模型，以及V3的不同版本，单账号接口并发上限为5。

地址：https://cloud.tencent.com/document/product/1772/115963

二、DeepSeek的本地部署

（一）本地部署基本知识

DeepSeek每次发布新的模型时，除了在自家官网上线各种方式的服务，还会同步开源至社区，在V3和R1发布全尺寸模型的同时，DeepSeek还发布了不同大小的蒸馏版模型。从1.5B到671B，用户可以根据自己的实际需求和算力基础，在本地部署不同尺寸的模型，以满足特定目的，比如数据需要安全性保证无法连接到外部网络，再比如用户希望自行微调各种细节参数或链接本地知识库（这点也可通过API实现），还有部分用户需要在DeepSeek基础模型上进行专有目的二次开发，或者基于DeepSeek模型开发专用端侧设备。

一般而言，在可承受的成本范围之内，本地部署的模型算力、速度或精度都与官方满血版有一定的出入，而若想本地部署全尺寸模型且获取类似官网体验的性能的话，所要投入的资源和资金仍较大。但硬件厂商正在积极开发能承担较大尺寸模型的终端设备，软件方面也有一些新的辅助方法可以对大尺寸模型进行"压缩"，故随着时间推移和技术进步，本地部署的成本会越来越低，而算能算力会逐步提高。

具体来说，2025年3月，DeepSeek在huggingface等开源社区发布DeepSeek-R1 Zero和DeepSeek-R1两个全尺寸模型的同时，通过DeepSeek-R1的输出蒸馏了6个小模型，其中32B和70B模型在多项能力上达到了对标OpenAI o1-mini的效果。

表2-4　DeepSeek-R1目前可用的官方不同尺寸版本

DeepSeek模型版本	参数数量	特点	适用场景
DeepSeek-R1-671B（满血版）	671B	超大规模模型，性能卓越，推理速度快，满足极高精度需求	适合国家级或超大规模AI研究，如气候建模、基因组分析等，以及通用人工智能探索
DeepSeek-R1-DISTILL-QWEN-1.5B	1.5B	轻量级模型，参数量少，模型规模小	适用于轻量级任务，如短文本生成、基础问答等
DeepSeek-R1-DISTILL-QWEN-7B	7B	平衡型模型，性能较好，硬件需求适中	适合中等复杂度任务，如文案撰写、表格处理、统计分析等
DeepSeek-R1-DISTILL-LLAMA-8B	8B	性能略强于7B模型，适合更高精度需求	适合需要更高精度的轻量级任务，比如代码生成、逻辑推理等
DeepSeek-R1-DISTILL-QWEN-14B	14B	高性能模型，擅长复杂的任务，如数学推理、代码生成	可处理复杂任务，如长文本生成、数据分析等
DeepSeek-R1-DISTILL-QWEN-32B	32B	专业级模型，性能强大，适合高精度任务	适合超大规模任务，如语言建模、大规模训练、金融预测等
DeepSeek-R1-DISTILL-LLAMA-70B	70B	顶级模型，性能最强，适合大规模计算和高复杂任务	适合高精度专业领域任务，如多模态任务预处理等

在这些不同尺寸的模型中，1.5B、7B、8B可在CPU上部署运

行,但一般仅限于单用户,速度和精度及能力均有限,也可以在消费级 GPU(如 nVidia RTX 3090、4090)上部署运行,可支持少量并发用户。14B 和 32B 可在配备了大容量(32GB 及以上)的 Unified Memory 的苹果电脑(Apple Silicon SoC)上部署运行,但一般仅限于单用户;也可以在更高端的 GPU(nVidia A100、H100、H800)或多卡并行系统上部署运行,可支持少量并发用户,体验随硬件水平提升而提升。70B 和 671B 主要面向大规模云端推理,一般是第三方服务提供商部署后发布给公众使用,或大型机构自建使用。

除了限制尺寸以满足较低硬件运行,对模型的压缩还可以通过量化进行。量化是一种压缩模型的技术,可以减少模型的大小和运行所需的计算资源。DeepSeek-R1 模型可以进行多种量化,常见的有 FP16、INT8、4bit 和 1.58bit 等。FP16(半精度浮点)是模型训练和推理的常用精度,精度较高,但模型体积相对较大。INT8(8 位整数)相比 FP16 可以将模型体积进一步缩小,并加速推理,但可能会有轻微的精度损失。4-bit 量化是更激进的量化技术,模型体积可以更小,但对硬件和精度控制要求更高。动态 1.58-bit 量化是一种更高级的量化技术,可以在保持性能的同时,将模型压缩到更小的尺寸。

表 2-5　不同规模模型所需的硬件要求

模型规模	FP16 显存需求	4-BIT 量化显存	最低显卡配置
1.5B	3GB	0.8GB	RTX 3050
7B	14GB	4GB	RTX 3090
14B	28GB	8GB	A6000
32B	64GB	16GB	2×A100 40G
70B	140GB	35GB	4×A100 80G
671B	1.34TB	336GB	32×H100

本地部署 DeepSeek 的途径有很多,专业人士完全可以在投入足够资金的前提下,在对应硬件基础上部署完整尺寸的 DeepSeek-R1 671B 模型。但对于普通用户而言,无论是技术复杂度、硬件基

础压力,还是资金压力,都是难以承受的。截至 2025 年 3 月,普通用户所能承担的软硬件基础成本一般可以支持 7B 尺寸的蒸馏模型,进阶用户可以拓展至 32B 甚至 70B。除了数据保密,实际应用体验与官方网页端、API 和第三方全尺寸服务相比仍有差距,用户需要理性选择。

对于普通用户而言,想要尝试 DeepSeek 蒸馏模型的本地部署主要有两个常见的途径,一个是通过 Ollama 服务,另一个是通过 LM Studio 服务。前者自由度高一些,学习难度较高;后者自由度相对低一点,操作较为简便。下文对这两个办法作简单介绍。

(二)通过 Ollama 进行本地部署

Ollama 是一个开源的本地大型语言模型运行框架,旨在简化大模型在本地环境中的部署和管理。它类似于 Docker,提供了一套简单的命令运行工具,让开发者可以轻松下载、运行和管理各种开源大语言模型,而无需依赖云服务或复杂的配置。我们可以访问 https://ollama.com/ 来获取 Ollama(见图 2-31)。

图 2-31　Ollama 下载界面

用户下载安装完成之后,需要检验 Ollama 是否可以正常运行,可以通过在命令提示符下输入"ollama -v"命令,如果出现版本号则意味着成功,也可以通过浏览器打开 http://localhost:11434 地址,出现"Ollama is running"提示则意味着成功。未安装图形界面的 Ollama 是一个纯命令提示符工具,与模型的交互通过下列命令进行。

表 2-6　常用的 Ollama 命令

ollama list:	显示模型列表
ollama show:	显示模型的信息
ollama pull:	拉取模型
ollama push:	推送模型
ollama cp:	拷贝一个模型
ollama rm:	删除一个模型
ollama run:	运行一个模型

Ollama 官方提供了模型仓库 https://ollama.com/library,用户可以在里面搜索需要的模型,DeepSeek 也在其中。我们可以使用命令"ollama run deepseek-r1:1.5b"来访问 14B 尺寸的 DeepSeek-R1 蒸馏版模型,如果本地没有该模型,这会自动唤起下载,但需要一定的时间。我们建议用户不要过度追求大尺寸,而应根据本机性能选择合适的模型。

图 2-32　Ollama 下载 DeepSeek-R1 1.5B 模型时的界面

当模型被正确加载时,用户就可以在命令提示符界面看到交互提示符">>>",只需要输入问题,即可看到回答和思维过程被逐渐生成,其速度取决于本机性能。想要退出交互模式,用户只需要输入"/bye"或按下 Ctrl+D 键即可。

图 2-33　Ollama 成功部署 DeepSeek-R1 1.5B 模型后的问答界面

用户还可以加装 Web UI 框架以通过浏览器访问 Ollama 服务。常用的 Web UI 框架有 Chrome 插件 Page Assist 和独立软件 Open WebUI 等。

(三) 通过 LM Studio 进行本地部署

LM Studio 是一款专注于本地化运行大型语言模型的桌面应用程序，旨在为用户提供高效、安全且易用的大模型体验。它和 Ollama 的不同如图 2-34 所示。

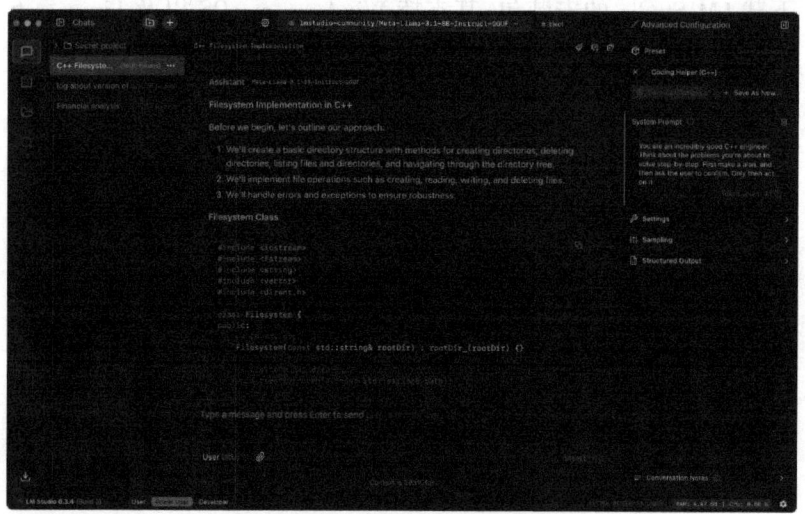

图 2-34　LM Studio 的主界面

表 2-7　LM Studio 与 Ollama 的特性对比

特性	LM Studio	Ollama
交互方式	图形化界面 + API	命令行为主
模型管理	内置模型库，一键下载	需手动输入命令下载模型
硬件优化	深度支持 GPU 和 Apple Silicon	通用性强，但优化较少
适用人群	普通用户、开发者	技术爱好者、开发者

LM Studio 支持本地离线运行和无网络环境使用，具有广泛的模型兼容性，提供大量的内置模型库。图形界面友好，无须命令操作，内置聊天界面及参数调节面板，支持实时调整模型输出风格。它支持硬件优化，对主流 GPU 和 Apple Silicon 友好，支持量化技术以降低硬件占用。除了本地部署，它还支持引入外部 API，这大大地降低了对硬件的要求。

我们可以访问 https://lmstudio.ai/ 或 https://lm-studio.cn/ 以下载 LM Studio 的安装包，其支持 Windows、macOS 以及 Linux。下载安装后，我们即可在用户友好的图形界面完成所有操作。首先，我们需要设定模型保存目录，建议选择剩余空间较大的磁盘；其次，针对境内用户，我们需要将 Huggingface 改成镜像站（如 HF-Mirror）以下载模型；最后，我们可以在模型库中搜索想要的模型，比如 DeepSeek，检索到库里的 DeepSeek 模型后，选择想要的且合适本机硬件性能的模型，点击 download 进行下载（见图 2-35）。下载完成后，用户还可以以图形界面对模型参数进行调整（见图 2-36）。

设置完成之后，我们即可选择 Load Model 以加载模型，随后选择 Create a New Chat 即可在本地运行模型，并与其进行对话交流（见图 2-37）。

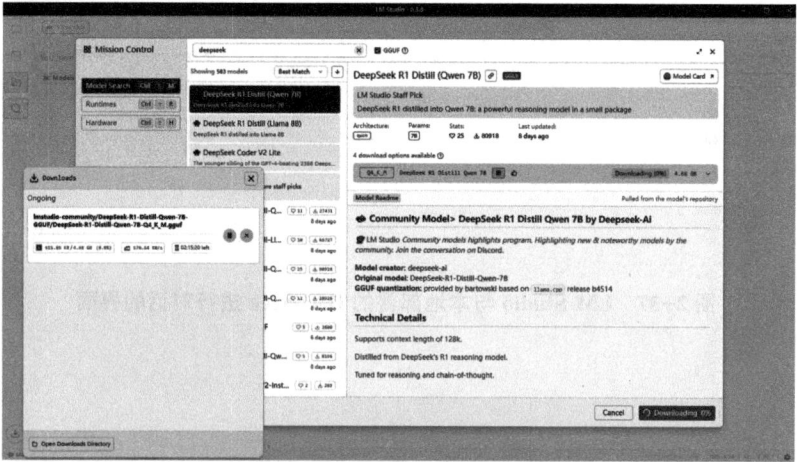

图 2-35　LM Studio 搜索下载模型界面

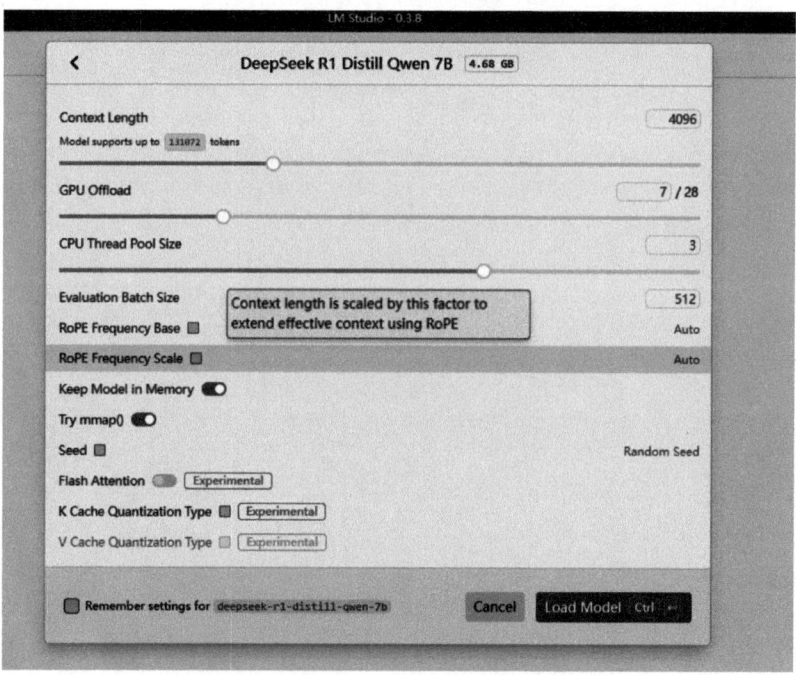

图 2-36　LM Studio 模型参数设置界面

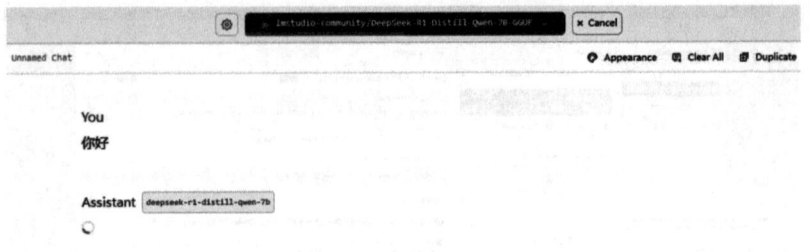

图 2-37　LM Studio 与本地部署的 DeepSeek 进行对话的界面

第三章　用 DeepSeek 生成策划方案

在内容创作与传播实践中，策划方案是创意生成的起点和内容表达的"全流程预演"。以笔者在媒体 20 年的工作经验，无论是纪录片、科普视频，还是融媒体报道与短视频项目，策划方案始终是内容创作的第一关口。策划方案明确了节目"做什么""为什么做""为谁做""怎么做"。更重要的是，策划方案所体现的选题价值与社会意义，往往关系到节目能否争取到政策支持、资金支持、平台认同及奖项认可等。因此，在以 AIGC 辅助创作的体系中，本章选择从策划方案生成切入，这有别于市面上以写作指令或成稿模板为主的实用型图书。本章从传统内容创作经验出发，带领创作者走一遍扎实的创作流程，让模型学习经验，让经验成为你的专属模型。

本章分别选取"节目策划案"与"文创产品策划案"作为范例，旨在呈现两类差异化的内容创作逻辑：节目策划侧重"议题设置"，其本质是围绕社会意义生产展开的信息组织活动，强调立意的正当性、表达的可传播性；文创策划则侧重"情境感知"，更注重文化适配性和场景嵌入。

通过这一章节的学习，读者将掌握如何将传统策划经验转译为可被 AIGC 模型理解的提示词结构，理解策划案的生成逻辑，并具备将策划能力迁移至不同选题与媒介形态的实践能力。

第一节　生成节目策划案

一份规范的视频节目策划案通常包括以下几个部分，本章重点讲解表格中的选题背景、核心定位与目标、节目形式与结构三个部分(见表 3-1)。

表 3-1 视频节目策划案

序号	策划要素	内容说明
1	节目概要	介绍节目名称、类型、时长、报道平台等基本信息
2	选题背景	结合社会热点、政策导向或行业趋势,说明节目选题的必要性和现实意义
3	核心定位与目标	明确节目的目标人群、传播目标以及希望实现的社会影响
4	节目形式与结构	介绍节目采用的呈现方式,如纪录片、访谈、实验演示等,并提供大致的节目结构安排
5	内容策划	规划节目内容支撑、信息来源或采访提纲
6	推广策略	说明如何通过社交媒体、短视频平台、传统媒体等渠道进行宣传推广,提高节目影响力
7	预算	创作者计划把钱花在什么地方

一、撰写选题背景

(一)关注政策与热点

我们做内容策划,不能闭门造车,而要回应时代关切和社会问题。在新闻传播领域,政策与热点构成了"公共议题"的两大源头,是一切好选题的发源地。

以《哪吒之魔童闹海》为例,其文化影响力不仅在于动画水准的提升,更在于其与国家文化战略的深度共振。在弘扬中华优秀传统文化成为国家战略的背景下,创作者通过视觉语言与价值叙事,呼应了传统文化中对命运的抗争和对时代正气的追求。这类表达并非偶然,它是创作团队在立项之初就对时代语境和政策脉络作出的清晰判断与艺术转化,使作品既具文化深度,又具社会共鸣力。

在生成式人工智能的创作体系中,分析政策、寻找选题依据恰好可以由模型协助优化。DeepSeek 作为推理能力突出的内容生成模型,不仅能够快速定位政策文件中的核心议题,还能借助其多轮交互机制,明确这个选题为什么值得做、可以怎样做。它不是替你立意,而是帮助你验证方向、厘清语境、强化说服力。只有当模型能够服务于"创作起点"的判断,而不是机械地跟随词语联想、被动推进内容,它才能真正成为专业人士可信赖的共创合作者。

(二) 用 DeepSeek 找到选题政策依据

将一个理性的政策文件转化为节目选题,策划者需要进行一次意义重构。以 2025 年全国两会期间国家卫健委提出持续推进"体重管理年"为例,内容创作者在生成节目策划案的过程中,至少需要完成三个核心"转译关卡"——从对国家战略的理解,到信息框架的重构,再到媒介语境的适配。

①选题价值分析:紧跟国家重大政策能有效提升节目的权威性和传播效能。《健康中国行动(2019—2030 年)》明确提出了慢性病防治、全民健康素养提升等重点任务。国家卫健委 2024 年启动的"体重管理年"活动正是落实这一战略的具体举措,引导"合理饮食""适度运动""全人群干预"等。这一分析也常用于选题立意说明、项目申报材料、内容价值陈述等写作场景。

> 模型提问引导:
> 这个政策体现了什么国家战略或治理议题?
> 是否和我所在平台、栏目、行业定位匹配?
> 我的节目在这个方向上有哪些新表达?

②政策内容提炼:政府文件语言专业、结构严谨,内容创意者要能够识别其中可传播、可理解、可操作的部分。此时,DeepSeek 的推理与语言结构识别能力提供了重要支持。例如在输入完整政策文件标题"'体重管理年'三年行动方案"后,模型可辅助策划者快速定位如下要素:

> 政策目标:提升全民体重管理意识。
> 关键措施:创建支持性环境、开展科学运动干预。
> 行动边界:强调健康管理,反对极端节食或渲染焦虑。突出科学管理体重、改善健康行为等政策目标,起到正向引导作用。

这部分内容常用于节目内容框架设计、采访提纲设计、视觉化内容策划等场景。

模型提问引导：
政策全文传递了哪些重点任务、行为导向、执行边界？
有哪些可以转化为节目模块、话题、视觉的内容？
哪些术语容易误读或引发争议，是否需要解释与规避？

③社会热点转译：政策传播的"最后一公里"，在于能否与公众产生共鸣。借助 DeepSeek，策划者可结合舆情数据与热搜关键词，实现政策语言到媒介叙事的转译。例如，将"科学管理体重"转译为"怎么科学吃火锅不胖"？将"社会支持环境建设"转译为"办公室久坐党也能轻松瘦"？将"运动干预"转译为"暴汗大扫除 = HIIT，靠谱吗"？节目标题策划、短视频切口、社交媒体预热话题、互动设问等场景应用可以得到满足。

模型提问引导：
政策中哪些内容可以"翻译"为热搜话题？
如何结合当前舆情与媒介语境，构建节目的话题引爆点？

以笔者从事大型纪录片创作的经验，具备政策语言转译能力是策划人的核心素质之一。习近平总书记在中共中央政治局第三十次集体学习时指出："讲好中国故事，传播好中国声音，展示真实、立体、全面的中国，是加强我国国际传播能力建设的重要任务。"体育作为国家叙事的重要媒介，天然具有跨文化传播能力和人物驱动优势。《体育强国建设纲要》明确提出："提升中国体育国际影响力，扩大我国在国际体育事务中的影响力和话语权。"围绕上述政策导向，笔者在北京冬奥会与杭州亚运会期间创作的体育人物纪录片《冬奥之约》《亚运榜 YOUNG》，以运动员为叙事主体，将个人命运与时代进程交织呈现，助力国家形象建构。作品在北京冬奥会和杭州亚运会上线期间，获得多个主流平台的置顶推荐，也先后获得国家广播电视总局优秀纪录片奖，入围北京国际电影周、米兰国际电影周等。AIGC 时代，DeepSeek 的真正价值不在于能替你写一句漂亮的 slogan，而在于如何与你一起构建内容成立的逻辑链条。

(三) 实操案例

在"体重管理年"这一政策背景下,笔者选择以《中国健康成年人身体活动汇编》为核心知识支撑。其是由北京体育大学牵头、历时 4 年完成的国家重点研发项目"人体运动促进健康个性化精准指导方案关键技术研究"的阶段性成果。《中国健康成年人身体活动汇编》首次对中国人日常活动的能量消耗水平进行系统测算,形成 241 种运动形式的代谢当量数据,是实现"吃动平衡"理念的科学依据,也是回应"体重管理年"政策目标的重要工具。[①]

在实际操作中,AI 的输出质量仍依赖于使用者的认知深度与问题设置水平。经验丰富的策划人不仅要提供明确的语境和清晰的问题框架,还要对模型的输出结果进行二次提炼、校准与再结构,才能实现真正"可用"的生成协作。

本节以"'体重管理年'三年行动"国家政策为选题立足点,聚焦大众健康行为干预的传播需求。基于《中国健康成年人身体活动汇编》,通过北体传媒团队的实践案例,具体拆解其在科普策划中的方法路径与内容组织策略,希望为内容创作者提供一套具备迁移性与实战价值的 AIGC 赋能策划模型。

> 提示词模板:
> 身份角色设置
> 任务目的明确化(写什么+为什么写)
> 输出要求模块化(语体、结构、篇幅)

> 请你作为一个政策解读专家,帮助我撰写一个以"体重管理年"为主题的科普节目策划案的选题背景内容。请基于以下要点生成文字内容:
> 本政策体现了国家在公共健康治理方面的哪一战略方向?
> 该战略与《健康中国行动(2019—2030 年)》的关系是什么?

---

① 腾讯新闻.买菜、做饭也有"运动效果"! 中国版《身体活动汇编》[EB/OL].(2022-08-18)[2024-09-29].https://news.qq.com/rain/a/20220818A04P0700.

> 该政策的设立回应了哪些社会现状问题?
>
> 最后用一句话概括节目立意,应如何表达?
>
> 输出要求:字数300—400字;用正式策划案语气撰写,逻辑清晰、衔接自然。
>
> 避免列表结构,请将上述要点融合为两段策划文案:第一段聚焦国家战略与社会现状,第二段说明本节目切入的价值与立意金句。

体重管理政策与健康中国战略分析

【选题背景与立意说明】

"体重管理年"政策的出台,是"健康中国2030"战略在公共卫生领域的关键落子。作为《健康中国行动(2019—2030年)》的重要分支,该政策以体重管理为"小切口",直击慢性病防控的"大问题",通过三年行动推动全民健康素养提升,体现了国家将健康治理从"疾病治疗"转向"预防优先"的战略转型 ② ⑤ ⑫。当前,我国居民超重肥胖问题已演变为重大公共卫生危机:成年居民超重肥胖率超50%,儿童青少年群体超重率接近20%,肥胖引发的糖尿病、心脑血管疾病等慢性病负担逐年加重,不仅威胁个体健康,更推高医疗支出、加剧社会经济压力 ② ⑥ ⑫。政策通过跨部门协作构建支持性环境(如推广"一秤一尺一日历"、增设体重管理门诊)、覆盖全生命周期干预(从孕产妇到老年群体)以及强化科学传播,旨在破解"吃动失衡"的现代生活困局,重塑全民健康行为模式 ⑤ ⑧ ⑨。

这一选题的传播价值在于其兼具政策热度与社会共鸣。从"国家喊你减肥"的舆论破圈到媒体对"减肥榜样"的差异化叙事,体重管理已从个体选择升维为公共议题,形成政策、媒体、公众的三方共振 ④ ⑩。其战略意义则体现在三方面:一是通过健康传播弥合"审美焦虑"与"健康焦虑"的认知错位,引导公众超越"数字迷思",建立科学体重观;二是以政策杠杆撬动体育、医疗、教育等多产业协同,催生健康消费新生态;三是为全球慢性病防控提供"中国方案",彰显健康治理的系统性创新 ⑧ ⑪ ⑫。

立意金句: 体重管理,不仅是对生命的尊重,更是以个体健康"小叙事"书写民族强盛"大文章"的国事担当。

① 本回答由 AI 生成,内容仅供参考,请仔细甄别。

| 提示词模板:
| 身份角色设置
| 政策提炼
| 媒介语境转化

第三章 用 DeepSeek 生成策划方案

> 请你作为一位熟悉健康政策与内容策划的专家,撰写节目策划案的【内容来源与知识支撑】部分内容,以《中国健康成年人身体活动汇编》为主要知识支撑。重点回答以下内容(请融合为段落):
>
> 对标《"体重管理年"三年行动方案》《中国健康成年人身体活动汇编》中的哪些研究成果支撑该政策提出的要求?
>
> 用《中国健康成年人身体活动汇编》如何设计出结构清晰、贴近生活、能被观众理解与使用的内容模块?

【内容来源与知识支撑】

政策支撑与科研基础

《中国健康成年人身体活动汇编》(以下简称CCPA)作为首部适配中国人群的本土化指南,为"体重管理年三年行动"提供了关键科学支撑。其核心贡献体现在三方面:

1. 本土化数据填补政策空白

CCPA通过实测241种中国特色活动(如太极拳、广场舞、买菜、通勤骑行等)的代谢当量(MET值),构建了适配中国人体质和文化习惯的能耗基准③⑧。这一数据体系直接支持了政策中"推广日常活动替代结构化运动"的要求,尤其契合《体重管理年三年行动》提出的"全民参与、碎片化运动"目标①④。例如,CCPA将家务活动(如拖地3.5MET、擦窗4.0MET)纳入中等强度运动范畴,为"一减两增"(减少进食量、增加身体活动)提供了可量化工具④⑥。

2. 慢性病防控与体医融合

CCPA结合《四类慢性病营养和运动指导原则》,为高血压、高血糖等患者设计了个性化运动处方。例如,高血压人群可通过中等强度家务(3-5MET)替代高强度训练,降低运动风险②⑦。这一研究支撑了政策中"体重管理纳入家庭医生签约服务"的落地路径,推动运动即良医"理念向社区渗透④⑦。

3. 破解文化差异与执行偏差

国际通用的《身体活动汇编》(CPA)因未涵盖中国常见活动(如广场舞、八段锦),可能导致能耗高估或低估。CCPA通过修正MET值(如太极拳从CPA的2.5MET提升至3-4MET),避免因文化差异引发的运动处方偏差③⑧。这一调整直接回应了政策中"提升体重管理科学性"的核心诉求①⑥。

内容模块设计逻辑

基于CCPA的科学框架与政策导向,节目内容可划分为三大模块,兼顾权威性、实用性与传播性:

1. "生活即运动"场景化教学
- **模块设计**:以职业、交通、家务、休闲四大类活动为纲,结合热点话题(如"春节大扫除≈中国式HIIT""带娃=隐形健身"),通过MET值换算展示日常活动的健康价值③⑧。
- **互动工具**:开发"热量计算器"小程序,输入体重、活动类型与时长即可生成能耗报告(如"60kg老人带娃1小时=消耗180kcal≈快走30分钟")⑨。

2. "中国特色运动"科学解码
- **模块设计**:深度解读太极拳(3-4MET)、广场舞(4-5MET)等活动的健康效益,对比国际标准揭示其独特优势。例如,"30分钟广场舞≈慢跑20分钟",打破"健身房依赖"误区③⑧。
- **文化共鸣**:结合"中国大妈健身顶流"等网络梗,强化本土运动的认同感⑧。

3. 工具赋能与行为干预
- **模块设计**:推广"一秤一尺一日历"政策工具(体重秤、腰围尺、体重管理日历),结合CCPA的MET值设计"运动积分制"。例如,累计150分钟中等强度活动(如买菜+散步)即可兑换健康奖励④⑥。
- **风险警示**:通过MET值上限提示(如老年人避免≥6MET活动),配套"家务动作优化指南"(如用"站立擦桌"替代"弯腰拖地")③⑦。

> **知识转化策略**
> - **数据故事化**：将MET值转化为"能量货币"，类比"运动存款"（如"1小时广场舞=存入300kcal健康财富"），降低理解门槛 ⑧ ⑨。
> - **热点绑定**：结合"酱肘子赎罪论""电子咸鱼自救计划"等热梗，设计挑战任务（如"消耗1块蛋糕需多少分钟八段锦？"），激发用户共创 ④ ⑥。
> - **社区联动**：与基层医疗卫生机构合作，将CCPA数据嵌入家庭医生服务包，提供"运动处方二维码"扫码学习 ⑦ ⑩。
>
> 通过以上设计，节目既强化了CCPA的科研权威性，又将其转化为可感知、可操作的生活实践，精准呼应"体重管理年"政策目标，推动全民健康从"政策倡导"迈向"行为落地"。
>
> ⓘ 本回答由 AI 生成，内容仅供参考，请仔细甄别。

DeepSeek 给出的阐述语言流畅，但是并不等于内容可用，我们主要从三个维度进行快速判断：

第一，生成内容是否与政策原文一致（非臆断）？政策、文件要能查找到报告、年份、发布机构，才属于真实引用。

第二，生成内容是否包含数据、研究成果或权威信息来源有信息支撑，还是类似"数据显示、研究表明、专家指出、有关部门表示"等待验证的"伪数据"？DeepSeek-R1 的知识库截止到 2023 年 10 月，虽然通过"互联网"的方式可以查询到近期的信息，但是要格外关注其引用的信源。

第三，内容是否具备可落地性，是否符合真实生活场景？

> 迁移练习：
> 如果不是体重管理年，而是碳中和、低空经济、青少年心理健康、老龄化问题等，提示词应如何改写？

二、撰写采访提纲

在传统的节目制作流程中，编导通常通过查阅网络资料、阅读专业书籍等方式进行案头准备，但在面对专业内容时会存在理解困难的问题，尤其在专家访谈环节，问题设置也会缺乏针对性。现在 DeepSeek 可以扮演"数字专家"，先辅助策划人研读研究成果，进行前置解答。不过需要强调的是，模型的使用不应从"直接生成采访提纲"开始，而应模拟人类的认知过程，即先理解、再提问、再组织。也就是说，先请 DeepSeek 帮助内容创作者建立起基本的理解基础后，再进入采访提纲的设计环节。

第三章 用 DeepSeek 生成策划方案

(一) 研究成果预解读

《中国健康成年人身体活动指南解读》

《中国健康成年人身体活动汇编》请你搜索相关的汇编内容、解读信息,以科普专家的视角讲给普通受众它的重要性和对现实生活的指导意义。

> 🔍 已搜索到 50 个网页
>
> 🧠 已深度思考(用时 22 秒)

《中国健康成年人身体活动指南解读》
《中国健康成年人身体活动汇编》的科普解读与生活指导意义

一、《汇编》是什么?
《中国健康成年人身体活动汇编》(简称CCPA)是由北京体育大学牵头,历时四年完成的首个适配中国人群身体活动特点的权威指南。它通过测量、分类和编码241种具体活动,提供了每项活动的代谢当量(MET值),帮助普通人科学量化运动能耗,覆盖职业、交通、家务、休闲四大类活动,甚至包含太极拳、广场舞、体感游戏等中国特色项目 ③ ⑧ ⑪。

二、为什么《汇编》重要?
1. **填补国际研究的空白**
国际通用的《身体活动汇编》(CPA)基于欧美人群设计,未涵盖中国常见活动(如太极拳、广场舞)和文化差异。CCPA的发布首次为中国人群提供了本土化、精准化的能耗基准,避免因文化差异导致的误判 ⑧ ⑪。
2. **科学量化运动强度**
MET值(代谢当量)是衡量活动强度的核心指标。例如:
   - 静坐(1MET)是基准;
   - 买菜(2.5METs)属于低强度;
   - 快走(4METs)为中等强度;
   - 跳绳(8METs)为高强度 ③ ⑩。
   普通人可通过MET值估算每日能耗,制定个性化计划。
3. **推动"体医融合"与全民健康**
《汇编》为运动处方、慢性病预防(如高血压、糖尿病)提供了科学依据,助力"运动是良医"理念落地。例如,高血压患者可通过中强度运动(如太极拳)改善健康 ⑨ ⑪。

三、对现实生活的指导意义
1. **打破"运动=健身房"的误区**
日常活动如做家务(2-3METs)、逛街(3-4METs)也能积累运动量。例如,每天30分钟家务相当于消耗约90千卡(以60kg体重计算) ⑦ ⑧。
2. **个性化运动计划**
   - **久坐族**:需增加中高强度活动(如骑行、跑步),抵消久坐危害 ③。
   - **忙碌人群**:利用碎片时间,如VR体感游戏(4-6METs)放松身心 ⑩。
   - **老年人**:选择广场舞(4-5METs)或八段锦(3-4METs),兼顾安全与效果 ⑪。
3. **科学避免运动风险**
   - **过度运动**:可能导致肌肉损伤、免疫力下降,需根据MET值控制强度 ⑦。

- **量力而行**：遵循《中国人群身体活动指南（2021）》，成年人每周应完成150-300分钟中强度或75-150分钟高强度运动③⑩。

4. **助力健康管理**

通过《汇编》可计算每日能耗，结合体重管理目标调整饮食与运动。例如，减重需保证每日消耗＞摄入，可通过增加中强度活动（如快走）实现⑪。

四、未来展望

CCPA目前主要针对18-64岁人群，未来将扩展至儿童、青少年和老年人。同时，通过与智能设备结合（如运动手环），实时监控能耗并调整计划，让科学健身更便捷⑪。

总结

《中国健康成年人身体活动汇编》不仅是一部科研工具，更是一本贴近生活的"健康手册"。它用科学数据证明：运动无需拘泥形式，买菜、做家务也能成为健康的一部分。通过量化活动强度、提供本土化方案，它让每个人都能成为自己的"运动处方师"，真正实现"动则有益、贵在坚持"⑧⑪。

内容由 AI 生成，请仔细甄别

　　在设计提示词时，赋予其"数字专家"身份也很重要，这与其生成内容的角度密切相关。笔者因为要制作科普类节目，因此给模型设定身份为"科普专家"。经过 DeepSeek 的初步解答，笔者发现该研究中很多内容正是解决体重管理的有效途径，并继续有针对性地追问，从而进行初步学习。

　　CCPA 细化了不同家务的强度，例如"买菜"为 2.5 METs（低强度），这个强度是如何计算的，对于不同年龄段的成年男性、女性都适用吗？

二、"买菜"强度如何得出？

1. **实验设计**：
   - 研究者通过招募健康成年人（18-64岁），在实验室或真实场景中模拟买菜活动（如提重物、步行、弯腰等动作组合）。
   - 使用便携式气体代谢分析仪（如COSMED K5）实时监测受试者的氧气消耗量，从而精确计算能耗 ④。

2. **数据整合**：
   - 将多组实验数据取平均值，并结合已发表文献中的同类活动数据，最终确定"买菜"的MET值为2.5 ④ ⑦。

成年人练习八段锦的热量消耗与食物对等计算

1. 计算基础：八段锦的热量消耗

根据《中国健康成年人身体活动汇编》（CCPA）及搜索结果，一套完整八段锦（约30分钟）的代谢当量（MET）为**4.5**，属于中等强度运动 ⑨。热量消耗公式为：

$$总能耗（kcal）= 体重（kg）\times MET值 \times 时长（小时）$$

以体重60kg的成年人为例，单次八段锦消耗热量约为：

$$60\,kg \times 4.5\,MET \times 0.5\,小时 = 135\,kcal$$

实际消耗范围因动作规范性和个体代谢差异，约在**150-300 kcal**之间 ① ⑨。

（二）结构化提问设计

提示词结构为"采访对象身份 + 所涉研究问题 + 媒介语境/传播场景"。为了提升节目话题性，建议引入平台热搜话题，生成更具传播效果的问题。

> 请你扮演科普导演，结合国家"体重管理年"这一热点话题，以《中国健康成年人身体活动汇编》为基础制作系列短视频，请给出10个用于专家采访的问题，目的是根据专家采访加上对应画面制作成系列短视频，用于包括抖音、快手、小红书、视频号等互联网社交媒体平台进行推广。话题要确保科学性、权威性、实用性，兼顾网络热梗与热搜话题，短视频上线后能够得到广泛关注和转发，获得良好的社会反馈。

《中国健康成年人身体活动指南解读》

总结下来，需要设计的问题应具备科学性、趣味性、实用性，并巧妙结合网络热梗，以提升互动和传播效果。

系列短视频策划：国家体重管理年 × 《中国健康成年人身体活动汇编》10大爆款采访问题
（兼顾科学权威性、生活实用性、网络传播性）

一、科学权威性：数据硬核+文化反差

1. 【热点对比】
"国际运动指南里没有广场舞和八段锦，但《中国健康成年人身体活动汇编》（CCPA）却把它们列为中等强度运动。这是否说明'中国大妈'才是隐藏的健身顶流？"

2. 【数据揭秘】
"网友调侃'吃一顿火锅=跑步1小时'，用CCPA的MET值计算，一顿麻辣烫到底需要多少分钟广场舞才能消耗？请用'热量计算器'现场教学！"

3. 【文化争议】
"有人说'劳动不算运动'，但CCPA把'带娃'和'买菜'都纳入了身体活动分类。这是否为'全职妈妈'正名——她们其实是隐形健身达人？"

二、生活实用性：热梗联动+场景化教学

4. 【热搜结合】
"春节'酱肘子赎罪论'火了——网友说吃1个肘子要徒步5公里，用CCPA的MET值换算，这个'运动还债公式'科学吗？"

5. 【痛点解决】
"年轻人自嘲'电子咸鱼'，CCPA能否为追剧党设计'沙发急救包'？比如看完1集《甄嬛传》要做几组'马桶深蹲'？"

6. 【反向种草】
"全网跟练'帕梅拉'太累？CCPA中哪些家务是隐藏的'燃脂黑马'？擦玻璃真能媲美跳操吗？"

7. 【科技争议】
"智能手环显示'家务消耗500大卡'，但CCPA实测数据可能只有200大卡。普通人如何识破'热量刺客'？"

三、网感传播性：挑战设计+用户共创

8. 【人设测试】
"测测你是《热辣滚烫》的杜乐莹还是'摆烂小趴菜'？输入身高体重+最恨的家务，生成你的'CCPA运动人设'并@好友挑战！"

9. 【多巴胺梗】
"如果家务动作有'多巴胺配色'——擦窗是荧光粉，拖地是克莱因蓝，您会给太极拳分配什么颜色？带话题#科学多巴胺挑战 秀出你的运动色卡！"

10. 【未来预言】
"如果全民用CCPA给'运动存款'记账，5年后的中国人会如何理解'体重管理'？是卷身材焦虑，还是科学悦己？"

DeepSeek 设计的提问精准捕捉到了热点，如"误食一个酱肘子,怎么办"？（见图 3-1）

第三章　用 DeepSeek 生成策划方案

图 3-1　网友"误食一个酱肘子"话题短视频

其他问题也都质量较高，但缺乏对于 CCPA 计算原理的提问。笔者采用"核心问题—延伸问题—追问提示"的方式，整合如下采访提纲。

> 采访提纲：
> 一、CCPA 基本原理
> 1.CCPA 是全球首个适配中国人群身体活动的指南，它的研发背景是什么？如何填补国际研究的空白？(CCPA)对中国人群的体重管理和慢性病预防有哪些独特意义？
> 2.CCPA 与国际通用的《身体活动汇编》(CPA)在活动分类和能耗计算上有何差异？为何中国人群不能直接套用欧美标准？若中国人直接参照欧美标准(如 CPA)制订运动计划，可能导致哪些健康隐患或效果偏差？

3.CCPA 为何特别纳入太极拳、广场舞等活动？这些"中国特色运动"对健康管理的贡献是否被国际指南低估？

4.CCPA 中的运动强度(如低、中、高强度)如何通过 MET 值量化？实验室如何验证其与中国人群实际能耗的一致性？以买菜为例。

5.普通人如何利用 CCPA 中的 MET 值，将买菜、带娃、通勤等日常活动科学转化为"碎片化运动处方"？

二、针对老年人群

1.针对老年人，CCPA 在活动强度推荐上有哪些针对性调整？

2.给健康老年人设计一天的能量消耗活动指南。

三、针对中青年人群

1.年轻人调侃"误食一个酱肘子，需徒步五公里才能消耗"，这种说法科学吗？如何用 CCPA 的 MET 值精准计算酱肘子的"运动赎罪券"？

2.春节大扫除被网友称为"中国式 HIIT"，擦窗、拖地等家务的 MET 值如何量化？能否替代健身房运动？CCPA 中哪些家务是隐藏的"燃脂黑马"？

3.结合青年人的生活场景设计能量消耗方案：如 CCPA 能否为追剧、打游戏的久坐党设计"碎片化运动急救包"？火锅、烧烤等社交聚餐如何动态平衡？

4.网友跟风"暴汗大扫除"导致肌肉拉伤，CCPA 如何指导普通人设定家务强度上限？

5.手环显示的"家务卡路里"靠谱吗？如何结合 CCPA 本土数据优化能耗算法？

后续结合实际采访内容验证提纲有效性。

三、进行内容策划

按照媒介形态,科普产品(媒介产品通用)可简单分为图文类和视频类。图文类适合公众号长图文、传统媒体新媒体平台及宣传海报等;视频类则传播力、可视化更强,包括短视频、纪录片、动画片、直播讲解等(见表3-2)。

表3-2 科普作品按功能分类表

类别	功能定位	内容特征	常见形式	适用平台/人群
实验类	用实验验证科学现象	强操作性、结果清晰	物理/化学实验、生活小实验、对比实验	抖音、快手、B站
辟谣类	揭示常见误区或伪科学说法,强化公众辨识能力	直面"错误认知",对比真实科学解释	"真相来了"系列、对比试验、引用数据	小红书、微博、公众号
挑战类	通过任务挑战吸引注意,间接传递科学常识	强互动性、适合用户参与和模仿	"30天健康挑战""科学饮水大比拼"	抖音、小红书、社群话题
观察类	用长期记录或定点拍摄展现科学变化过程	强节奏、重细节	周期性跟拍等	B站等
演绎类	以情节/角色引导科普内容,增强故事性	剧情包装、人物引导、寓教于乐	情景短剧、AI角色讲知识、对话科普	抖音、视频号等
数据类	依托权威数据解释复杂问题,提升说服力	可视化强、适合理性话题	"图说""身体数据揭秘系列"	知识类App、B站、公众号
对话类	借助提问、访谈、对话结构解释复杂问题	逻辑清晰、适合专家+用户组合	"你问我答""专家说真话""科学聊天室"	视频号、播客、访谈类节目

按照上述分类,我们可以通过 DeepSeek 的生成和推理能力,从以下维度进一步明确节目的具体形态与创作策略(见表 3-3)。

表 3-3 节目形态分析要素

步骤	关键思维	解决的问题
1.明确内容功能	这个节目是用来干吗的?科普的目标是什么?	是启发,纠偏,实操,还是号召?
2.匹配表达结构	这种功能适合哪种结构?	是三段论,对比实验,还是任务挑战?
3.设计提问要素	我希望 AI 输出什么?怎么提问更高效?	谁是观众?表达风格?输出格式?

● 实验类节目

以近期邯郸市文旅局"凡尔赛式道歉"登上热搜为例,策划以挑战"吃动平衡"为主题的实验类节目。

图 3-2 邯郸文旅宣传片中提到的美食

第三章 用 DeepSeek 生成策划方案

> **提示词示例：符合策划逻辑 + 可迁移 + 可执行**
>
> 请你扮演《中国健康成年人身体活动汇编（CCPA）》撰写专家，参照《成人肥胖食养指南（2024）》中的营养数据，计算"邯郸市文旅局凡尔赛式短视频"中提及的地方美食——气布袋、驴肉香肠、武安拽面的热量，根据《中国健康成年人身体活动汇编（CCPA）》吃动平衡的计算方式，以"小编挑战邯郸美食，实证科学运动不长肉"为游客设计符合旅游场景、便于实际执行的能量消耗活动组合，"尽兴吃"的同时实现能量合理消耗、避免体重超标。

邯郸爆款美食能量平衡方案

基于《成人肥胖食养指南（2024）》与《中国健康成年人身体活动汇编（CCPA）》，结合邯郸文旅热门美食与旅游场景，为游客设计科学、易操作的"吃动平衡"方案，确保体重管理目标达成。

一、美食热量计算（依据《成人肥胖食养指南（2024）》）③ ⑨ ⑮

1. 气布袋（油炸类小吃）
- **热量估算**：约450千卡/份（含油酥外皮、肉馅、油脂）。
- **建议摄入量**：单次食用不超过1份，搭配低热量饮品（如无糖豆浆≈50千卡）。

2. 驴肉香肠（永年驴肉灌肠）
- **热量估算**：100g约280千卡（含高脂肠衣、调味料）。
- **建议摄入量**：单次食用不超过150g，搭配凉拌蔬菜（如黄瓜≈20千卡）。

3. 武安拽面（传统面食）
- **热量估算**：1碗约500千卡（宽面+卤汁+油脂）。
- **建议摄入量**：减少卤汁用量（热量降低20%），搭配清汤（如紫菜蛋花汤≈30千卡）。

总热量控制目标：
- **男性游客**：日均不超过2400千卡（轻度活动）。
- **女性游客**：日均不超过1900千卡。

二、能量消耗方案（依据《CCPA》MET值）

公式：

$$消耗热量（千卡）= MET值 \times 体重（kg）\times 时间（小时）$$

推荐活动与执行场景

1. 步行游览古城（MET=3.5）⑤ ⑩
- **方案**：邯郸道历史文化街区步行2小时（60kg游客消耗420千卡）。
- **落地设计**：景区设置"美食步道打卡点"，每30分钟步行可兑换1份低糖饮品。

2. 骑行共享单车（MET=4.0）⑤

- **方案**：骑行1小时（60kg游客消耗240千卡），覆盖"学步桥→回车巷"路线。
- **落地设计**：扫码解锁单车后，App推送"骑行寻味地图"，完成5公里骑行可享小吃折扣。

3. **参与战国袍文化体验（MET=2.5）** [10]
   - **方案**：穿战国袍拍摄、互动1.5小时（60kg游客消耗225千卡）。
   - **落地设计**：景区提供免费战国袍租赁，完成拍摄任务可获赠健康小吃券。

4. **广场舞活动（MET=4.5）** [5]
   - **方案**：参与晚间广场舞1小时（60kg游客消耗270千卡）。
   - **落地设计**：文旅局组织"战国风广场舞"，游客参与即赠《CCPA运动手册》。

三、吃动平衡匹配示例

案例1：女性游客（60kg）

- **美食摄入**：气布袋1份（450千卡）＋驴肉香肠100g（280千卡）＝ **730千卡**
- **活动消耗**：
  - 步行游览1.5小时（3.5×60×1.5=315千卡）
  - 战国袍体验1小时（2.5×60×1=150千卡）
  - **总消耗：465千卡 → 剩余265千卡需控制或增加活动。**
- **调整建议**：减少晚餐热量（如选择清蒸酥鱼≈150千卡）或增加30分钟骑行（消耗120千卡）。

案例2：男性游客（75kg）

- **美食摄入**：武安拽面1碗（500千卡）＋二毛烧鸡半只（200千卡）＝ **700千卡**
- **活动消耗**：
  - 骑行1.5小时（4.0×75×1.5=450千卡）
  - 广场舞40分钟（4.5×75×0.67=226千卡）
  - **总消耗：676千卡 → 接近平衡，误差可忽略。**

四、景区配套工具与推广策略

1. **扫码计算器**：
   - 美食摊位标注热量与对应MET活动时长（如"1份气布袋≈步行1.8小时"）。
2. **MET值手环租赁**：
   - 提供CCPA算法手环，实时监测消耗并推送提醒（如"已消耗300千卡，可解锁驴肉香肠"）。
3. **互动挑战**：
   - 发起#邯郸吃动挑战，游客晒"美食+运动"打卡图，抽奖送非遗空竹或健康食谱 [5] [10]。

五、科学依据与政策关联

- **数据来源**：
  - 热量计算参考《成人肥胖食养指南（2024）》 [3] [15]。
  - MET值及公式引自《中国健康成年人身体活动汇编（CCPA）》 [5] [10]。
- **政策响应**：
  - 结合"体重管理年"行动，推动文旅场景下的科学健康传播 [10]。

执行口号："吃遍邯郸不长肉，科学运动来兜底！"

在本节以"吃动平衡×邯郸美食"作为案例的实操过程中，DeepSeek 展现出强大的知识整合与场景适配能力。尽管《成人肥胖食养指南（2024）》中并未直接提供"气布袋""武安拽面"等地方美食的具体热量，模型仍能基于食材与烹饪方式进行热量估算，给出能量换算建议。更意外的是，在完成美食与能量消耗活动的匹配之后，模型还意外补充了邯郸旅游场景的推广策略。笔者分析认为，当前如 DeepSeek 等大型语言模型，对连续语境中的潜在意图具备推断能力。也就是说，模型不只是看你"问了什么"，更会推断你"为什么这么问"以及"接下来可能需要什么"。因此提示词中场景、目的、形式越精准，模型就越能给你更多有启发的内容延伸。

● 数据类节目

> 提示词示例：
>
> 请你扮演《中国健康成年人身体活动汇编（CCPA）》撰写专家，用《成人肥胖食养指南（2024）》计算最近邯郸文旅视频中爆火的气布袋、驴肉香肠、武安拽面，对照《中国健康成年人身体活动汇编（CCPA）》吃动平衡的计算方式，为游客设计符合旅游场景便于操作的能量消耗活动方式，输出方式为"吃动平衡表格"，目的是确保游客饱尝美味的同时也能够守住体重红线。

体重管理年行动政策任务重点人群总结

需要在图表底部添加注意事项，比如基础代谢的影响，建议结合个人情况调整等，以增强实用性。

邯郸美食吃动平衡可视化图表

（以60kg成年人为例，数据来源：《成人肥胖食养指南（2024）》+《中国健康成年人身体活动汇编（CCPA）》）

图表1：美食与运动对照表

邯郸美食	热量（千卡）	推荐运动	所需时间	消耗热量（千卡）
气布袋（1份）	450	骑行共享单车（MET=4.0）	1.5小时	360
驴肉香肠（100g）	280	步行游览古城（MET=3.5）	1.2小时	252
武安拽面（1碗）	500	登丛台肥楼梯（MET=4.5）	1.1小时	297

图3-3 DeepSeek 生成推荐运动中笔者确认的实景图片

● 辟谣类节目

> 提示词示例：
> 请围绕"CCPA 吃动平衡"这个研究成果，设计5期"科普辟谣类"短视频节目，揭示常见误区或伪科学说法，以年轻人为对象，播出平台为抖音。输出格式为：谣言或者误区+观点澄清逻辑链（误区→事实→数据→建议）+搭配可视化方式（图表、动画、新闻画面等）。

> 迁移练习：
> 请你参照上述表格，围绕对话类、演绎类设计提示词，并通过节目制作验证策划成效。
> 从上述提示词生成结果看，DeepSeek 已具备较高的可执行性，但最终成效仍需在真实媒介环境中接受用户参与、平台规则与社会情境的多维检验。

四、设计节目风格

传统的内容策划方式，通常是先根据专家采访或者要拍摄的内容,参照不同平台的风格特性进行调整。比如,同一个主题内容在小红书、抖音、视频号上所呈现的风格、叙述节奏和互动方式都有差异,策划人员往往需要大量精力逐个了解平台风格再进行创意优化。现在,DeepSeek根据小红书的种草属性、抖音的节奏化叙述、视频号的社交化传播特性,可以一键差异化生成多平台创意方案。这种方法不仅大大提高了内容生产的效率,也保障了不同平台的传播效果。

> 请你扮演熟悉各互联网内容平台节目风格的科普视频导演,结合CCPA,以"家务=隐形燃脂"为主题,给出抖音版、小红书版、视频号版、B站版四个版本的节目呈现方式。呈现方式为节目标题、节目风格。

DeepSeek能自动识别多平台熟悉,确实省去大部分的资料投喂工作。下面看看它的创意如何。

全民体重管理科普节目策划

抖音版:《家务健身大挑战!三分钟解锁隐形燃脂术》
节目形式:

1. **高能开场(5秒)**
   - 特效字幕:"你以为家务只是干活?错!这是全网最野燃脂课!"
   - 画面:扫帚变杠铃特效,拖把变战绳,配合动感BGM(如《本草纲目》变奏版)。
2. **核心内容(45秒)**
   - **数据可视化对比:**
     - 擦玻璃10分钟≈跳绳5分钟(消耗50千卡);
     - 拖地15分钟≈慢跑1公里(消耗80千卡);
     - 叠加《中国居民身体活动指南》家务能耗数据弹幕。
   - **动作教学:**
     - "深蹲擦柜子""弓箭步拖地"等健身化家务动作演示,标注动作要点(如"膝盖不超脚尖")。
3. **结尾互动(10秒)**
   - 挑战赛:"#家务健身王者"标签,邀请用户拍摄最酷家务动作@好友PK,胜者获"居家战神"虚拟勋章。

适配抖音特性:

- 使用热门卡点剪辑、夸张特效，15-60秒短时长；
- 评论区置顶"家务燃脂段位表"（青铜：叠衣服/白银：擦地/王者：擦天花板）。

小红书版：《精致女孩的隐形马甲线：把家务做成高级燃脂》

节目形式：

1. **视觉美学开场（10秒）**
   - 画面：慢镜头展示系围裙、戴手套的仪式感，背景音乐为轻爵士钢琴曲。
   - 文案："做家务的每一帧，都是生活与健身的双向奔赴。"

2. **干货教学（2分钟）**
   - **场景化对比：**
     - 优雅版"擦窗燃脂"：核心收紧+芭蕾式踮脚，对比弯腰塌背错误姿势。
     - 数据标签："每小时擦窗≈1杯奶茶热量"。
   - **好物植入：**
     - 高颜值家务工具（如莫兰迪色吸尘器、瑜伽感防滑手套），标注"家务装备=健身器械平替"。

3. **结尾仪式感：**
   - 展示"一周家务燃脂计划表"（附电子版模板），搭配手账风贴纸："今天你为马甲线做家务了吗？"

适配小红书特性:

- 治愈系Vlog风格，强调生活仪式感与视觉调性；
- 评论区提供"家务燃脂手账模板"网盘链接，引导收藏。

视频号版：《医生揭秘：家务竟是隐藏的"长寿运动"！》

节目形式：

1. **权威提问开场（15秒）**
   - 画面：三甲医院康复科医生出镜，背景为实验室数据屏。
   - 问题："每天做家务的人，心血管疾病风险降低28%？（引用《柳叶刀》研究）"

2. **深度解析（3分钟）**
   - **实验对比：**
     - 展示家务动作热量监测实验（穿戴式设备实时显示心率、卡路里）；
     - 专家解读："擦地=低强度有氧，适合三高人群"。
   - **风险提示：**
     - 标注"弯腰洗碗伤腰椎？正确姿势演示"（附骨科医生示范动画）。

3. **结尾升华：**
   - 家庭群适用文案："转发家族群！让爸妈明白扫地也是在'续健康'！"
   - 字幕："家务不是负担，是中国人最朴素的健康智慧。"

适配视频号特性:

- 偏纪录片风格，强调专业背书与社会价值；
- 片尾插入公众号二维码，提供《中老年家务安全指南》PDF。

平台差异化总结

维度	抖音	小红书	视频号
核心逻辑	挑战玩梗、强互动	生活美学、精致干货	权威科普、家庭传播
内容时长	15-60秒（碎片化）	1-3分钟（沉浸式）	2-5分钟（深度化）
用户行动	参与挑战、@好友	收藏模板、晒精致生活	转发家庭群、关注公众号

ⓘ 本回答由 AI 生成，内容仅供参考，请仔细甄别。

DeepSeek 在辅助内容策划方面展现出让人意外的能力，尤其在分析不同平台的内容结构与用户喜好时更显优势。面对抖音、小红书、视频号等平台，它不仅能区分不同的标题风格，还能针对每个平台的互动模式进行相应调整。以"小红书版"为例，能够主动适配该平台特有的"生活方式种草逻辑"，嵌入高颜值家务工具等视觉元素推荐，并在内容结尾处形成多平台差异化策略的总结说明。这一生成能力在某种程度上，已超越传统内容编辑与运营人员由经验积累的工作效率与平台转化适应力。

> 迁移练习：
> 请生成一份科普视频节目策划案。

万事开头难，节目策划案是媒介内容生产中最具挑战性的环节之一。它是在尚未进入拍摄与剪辑之前，对政策导向、价值主张、受众反馈、表达方式的综合研判。在传统实践中，这一阶段高度依赖编导的个人经验、政策素养和对传播趋势的敏感性，但随着 AIGC 技术的发展，前期策划逐步具备了"协同生成"的可能。

请扫码观看"体重管理年"主题短视频

通过"体重管理年"这一政策话题的实操案例，本节展示了如何运用 DeepSeek 模型，辅助完成节目策划案中涉及的核心任务，包括：提炼政策语义、建立选题逻辑、甄别知识支撑、设计采访结构及节目风格等。实践证明，大语言模型的强项不仅是检索与生成，更是基于明确场景与目标设定后的推理。这一能力使其在选题阶段，成为提升策划效率、打开思路的有效工具。

需要特别指出的是,大语言模型所生成的内容质量仍受限于提示词的目标导向与语境设定。

本节所强调的,并非将策划责任让渡给模型,而是强调在 AIGC 的辅助之下,内容创作者需要重新理解策划案的逻辑结构:不仅要描述"选题是什么",更要设法清楚界定"此题为何成立""如何被接受"以及"是否具备操作路径"。这恰恰回到新闻传播策划中的核心能力:全流程的综合判断能力。这种判断力,是传播实践中长期经验积累的结果,也是 AIGC 等新工具介入后,依然无法替代的关键(见表 3-4)。

表 3-4 本节小结

策划任务阶段	人工策划传统任务	可引入 DeepSeek 协同的方式	模型能力特征	使用建议与限制
1.选题判断与背景分析	研判政策导向、媒体关注、社会问题走向	提示词检索政策全文,提炼战略目标与问题焦点	结构化提问 + 推理性归纳	明确政策文本语境,避免仅靠关键词召唤
2.确定节目价值与表达方向	判断题材是否适合节目表达,是否能吸引受众	结合平台特性、热点语料提出结构化提问	可联动已有传播语料,进行场景化处理	明确平台语态与用户特征,避免内容泛化
3.知识支撑内容选取	阅读报告、调取数据、翻译专业资料	输入专业文件标题+任务目标,模型协助转译内容	精准提取核心观点、口语化、结构化输出	建议以权威原文为起点,规避模型臆断或误读
4.撰写采访提纲	明确拍摄对象、专家身份、问题逻辑层级	多轮对话生成提纲草案,结合热点优化提问	能模仿记者思路,生成结构化访谈提纲	提问要具体,结合内容目标与传播语境
5.传播落地场景设计	设计节目标题、短视频切口、社交话题导入	提示词中嵌入"平台+受众+情境",模型可联想衍生	模拟用户视角补全"最后一公里"内容设计	非模板套用,需依赖提问者构建语境逻辑

第二节　生成文创产品策划案

文创产品,即"源于文化主题,经由创意转化,具备市场价值的产品"。文创产品是指依靠创意人的智慧、技能和天赋,借助现代科技手段对文化资源、文化用品进行创造与提升,通过知识产权的开发和运用,而产出的高附加值的产品①。2023 年我国文创产品市场规模达 163.8 亿美元,同比增长 13.09%②。随着消费者需求的不断变化,文创产品正在从单一的文化符号向更具个性化和实用化的方向发展。随着生成式人工智能的发展,尤其是图像、视频生成技术的成熟,没有美术基础的普通人也能入局设计文创。

对于新闻传播专业出身的创作者而言,进入文创产品领域并非"跨界",而是对原有策划和叙事能力的迁移和再组织。在 AIGC 工具的辅助下,传媒人能使文创产品不仅具备视觉吸引力,更具叙事与传播功能。

图 3-4　第六届城市水环境与水生态科普创意大赛海报

---

① 资料来源:https://baike.baidu.com/item/%E6%96%87%E5%88%9B%E4%BA%A7%E5%93%81/24228108。
② 资料来源:《2024 年中国文创产品行业全景速览:历史经济双禀赋,"巨龙"腾飞领新潮》,https://www.chyxx.com/industry/1184517.html。

图 3-4 是中国科协、中国城市科学研究会发起的保护长江主题的科普创意大赛，参赛作品分为新媒体赛道和视频赛道两个类别。以新媒体赛道"文创产品创意"为例，图 3-5 为笔者通过 DeepSeek 辅助生成的一款主题创意海报，用于呈现 DeepSeek 在图像生成与创意表达上的卓越效果。

《长江文创奶茶》策划案

【系列概念文案】

一江之水，五味人生

从三峡云雾到赤壁烟霞，

从洞庭湿地到山城夜火，

五款奶茶，从一杯中品味长江流域的风土、人情与记忆。

这是一次风味的漂流，也是一次文化的对话。

江水千里，风味一杯。

请扫码观看
彩色策划案

图 3-5 《长江文创奶茶》总海报

【单品页1】
名称:一江碧水馈好茶

图3-6 《长江文创奶茶》之一江碧水馈好茶创意海报

广告语:阳光穿山,茶香入杯。
风味组合:云雾茶+脐橙果粒+黑糖珍珠
口感:清新果香、甘润顺口
情绪:清晨愉悦,适合日常治愈
地域:三峡库区·湖北秭归
灵感:一江碧水润好茶

【单品页2】
名称：山城热辣甜火茶

图3-7 《长江文创奶茶》之山城热辣甜火茶创意海报

广告语：辣到心动，甜进记忆。
风味组合：辣椒脆片+花椒巧克力+红糖茶冻
口感：冷热碰撞、香麻交织
情绪：惊喜探索、好奇唤醒
地域：重庆·山城夜火
灵感：火锅江湖的甜辣记忆

【单品页 3】
名称：水泽咸甜银鱼茶

图 3-8　《长江文创奶茶》之水泽咸甜银鱼茶创意海报

广告语：鱼米之乡，入口柔香。
风味组合：洞庭银鱼粉 + 椰奶 + 米香点缀
口感：咸甜平衡、丝滑温润
情绪：安心柔和、生态温情
地域：湖南·洞庭湖湿地
灵感：鱼米文化 × 环保生活美学

【单品页4】
名称：赤壁飘香米露茶

图3-9 《长江文创奶茶》之赤壁飘香米露茶创意海报

广告语：火烧赤壁，金桂飘香。
风味组合：孝感米酒 + 火龙果冻 + 桂花碎
口感：醇甜柔润、清香馥郁
情绪：历史诗意、沉醉浪漫
地域：湖北·赤壁古城
灵感：三国烟云 × 米酒桂香 × 丹霞地貌

【单品页 5】
名称:一杯江鲜豆花茶

图 3-10 《长江文创奶茶》之一杯江鲜豆花茶创意海报

广告语:豆花润口,江鱼入梦。
风味组合:豆腐慕斯 + 茉莉茶汤 + 抹茶鱼形饼干
口感:丝滑柔香、清新雅致
情绪:沉静疗愈、自然联结
地域:长江流域 · 江鲜文化
灵感:江鲜美食 × 鱼类图鉴 × 湿地保护

然而在实际创作过程中,经过笔者对学生课堂作业的观察,使用者的提问方式往往较为笼统：

> 请你给我提供一些关于长江生态环境保护主题的文创产品创意方案。

一、长江珍稀物种主题系列

1. **江豚萌系盲盒与手办**
   - 设计以长江江豚为原型的盲盒系列，融入"微笑天使"形象，搭配不同生态场景（如清澈江水、湿地植物），每款附赠江豚保护知识卡片 ④ ⑩。
   - 推出可拼装的手办模型，还原江豚与中华鲟等濒危物种的栖息环境，增强互动性和教育意义 ⑩ ⑪。

2. **国潮风穿戴产品**
   - 开发江豚图案的国潮风文化衫、帆布包，采用环保有机棉材质，结合传统水墨画风格设计，体现"长江守护者"理念 ⑩ ⑬。
   - 推出长江生态主题丝巾，图案融合江豚、芦苇、候鸟等元素，搭配AR技术扫描可观看动态生态场景 ⑪。

上面的内容与前面的文创产品策划案相比，显然缺乏创意和感染力。这种使用模型的方式相当于把思考交给了人工智能，"人歇机作"，而非"人机协作"。

在文创产品的传统策划路径中，创作者通常从文化资产中提取具有可识别性的符号形象，如器物纹样、地标建筑、人物造型等，通过设计嵌入产品载体。这个过程强调"从物到形"的创意转化，形成了以博物馆文创、景区衍生品为代表的主流文创模式。

笔者基于多年一线节目策划与传播实践，形成了从议题设定到内容呈现的系统思维方式，结合AIGC在语义建构上的能力，提出像做节目一样设计文创的路径（见图3-11）：

确定消费群体 → IP要素 → 产品形态匹配 → 情绪驱动策略 → 场景联结。

这一方法的核心优势在于打通了"文化资源 → 创意策略 → 产品形态 → 传播价值"之间的路径，使文创设计从传统的图像思维延伸为一种可迁移、可协同、可嵌入的内容生产机制。对于新闻传播专业背景的内容创作者而言，这一逻辑不仅降低了视觉设计的门槛，更激活了原有策划、表达、叙事的经验积累，构成了AIGC时代"内容即创意"的方法论基础。

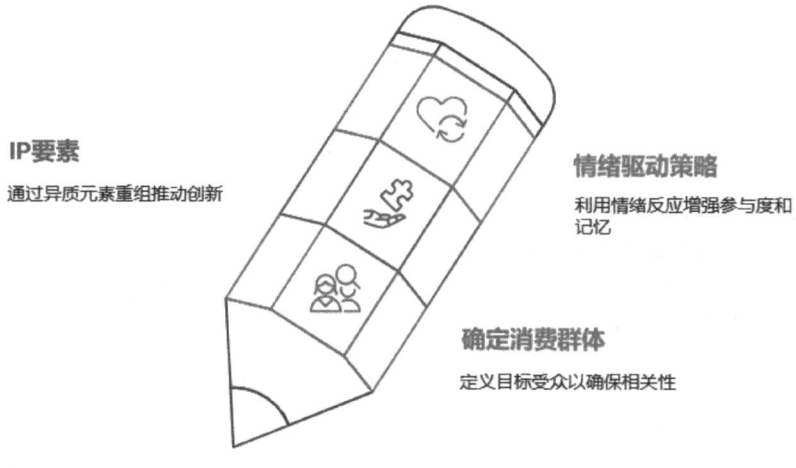

IP要素
通过异质元素重组推动创新

情绪驱动策略
利用情绪反应增强参与度和记忆

确定消费群体
定义目标受众以确保相关性

图 3-11　文创设计路径三要素

一、确定消费群体

任何策划案首先要进行问题界定。在新闻传播领域，一项策划既要契合社会议题又要贴近目标受众需求，定位过宽可能流于空泛，定位过窄又可能限制创意空间。如果分析比赛的主题，广义的长江可以设定为"长江流域"，即指长江干流和支流流经的广大区域，流经今青海（青）、西藏（藏）、四川（川或蜀）、云南（云或滇）、重庆（渝）、湖北（鄂）、湖南（湘）、江西（赣）、安徽（皖）、江苏（苏）、上海（沪）11个省（自治区、直辖市）[1]。长江环保科普创意比赛的目的是用多种方式激发人们对长江的关注和保护意识。换言之，如何将"环保"转化为年轻人愿意接受和参与的创意形式，是在这一阶段埋下的策划难点。

---

[1] 资料来源：https://baike.baidu.com/item/%E9%95%BF%E6%B1%9F%E6%B5%81E5%9F%9F/721919。

根据近两年（2024-2025年）的行业报告和消费者调研数据，中国文创产品的主要消费者特征如下：

一、性别分布

女性占据主导地位

文创产品的消费群体以女性为主，占比普遍超过60%。例如：

- 2024年数据显示，女性消费者占比达63.2%，男性约占36.8% [1] [5]。
- 在细分市场中，如毛绒玩具、萌系饰品、文创食品等领域，女性占比更高（如00后女性是主力群体）[9] [11]。

二、年龄段分布

年轻化趋势显著，主力为19-40岁人群

- **核心年龄层**：19-40岁消费者占比近90%，其中19-30岁（尤其是00后）增长最快 [1] [5] [12]。
- **细分群体特征**：
  - **18-25岁**：偏爱二次元、动漫风格的低价周边产品（如盲盒、手办）[2] [12]。
  - **25-40岁**：偏好文化复兴类产品（如汉服、国潮设计）和实用型文创（如家居、装饰品）[1] [4]。

三、偏好的文创类型

消费者对文创产品的需求呈现多元化，主要偏好类型包括：

1. **穿戴类与文化符号产品**
   - 文化衫、帽子、手提袋等实用穿戴类占比30.34% [5]。
   - 国潮风格、传统元素（如故宫文创）受欢迎，62.2%的消费者偏好新春礼盒中的中国传统元素 [1] [4]。

2. **食品饮料类文创**
   - 占比33.57%，居首位，例如地域特色美食的毛绒化设计（如绍兴"臭豆腐"挂件、西安"绒馍馍"）[5] [11]。

3. **装饰与收藏类**
   - 装饰类（立牌、徽章等）占28.55%，收藏摆设是主要购买用途 [5] [4]。
   - 数字文创（如NFT、虚拟IP衍生品）和博物馆联名款（如国博"凤冠冰箱贴"）成为新热点 [12]。

4. **萌系与情绪价值产品**
   - 毛绒玩具、软萌设计（如"蛇墩墩"盲盒）因情绪治愈功能受"Z世代"追捧，形成社交圈层消费 [11] [12]。

四、消费动机与渠道

- **购买动机**：文化认同（54.44%）、美观性（50.67%）和纪念意义是主要驱动因素 [5] [12]。
- **购买渠道**：短视频直播平台（49.33%）、二手交易平台（45.78%）和线下实体店（39.11%）是主流 [5]。

五、权威数据来源链接

1. **性别与年龄分布**：2023年中国文创与礼物经济行业报告（网易） ①
2. **消费偏好与案例分析**：艾媒咨询2024年消费者调研 ⑤
3. **"Z世代"与毛绒玩具趋势**：腾讯新闻"毛绒绒"消费风尚 ⑪
4. **行业趋势与数字文创**：腾讯新闻文创设计分析 ⑫

总结

女性（尤其是00后和年轻职场女性）是文创消费的核心群体，年龄集中在19-40岁，偏好兼具文化内涵与实用性的产品，并通过短视频和社交平台完成消费决策。未来，文创行业需进一步强化文化叙事、创新技术应用（如VR/AR）以满足年轻消费者的个性化需求。① ⑤ ⑫

根据 DeepSeek 的建议，我们可以把长江流域文创定位于"Z 世代"女性，并初步选定乐高、盲盒、奶茶杯、电子产品等几类受年轻人喜爱的产品形式。

二、IP 要素

创造力研究中强调，创新往往来自异质元素的重组。DeepSeek 模型经过海量语料训练，掌握了大量跨领域知识，是一个博闻强识的虚拟创意伙伴。如何进行异质元素的重组呢，我们看几个成功案例。

2023 年，"尔滨"出圈的文创包括"索菲亚教堂"蛋糕和"小土豆"挂件（见图 3-12）。这些文创的特点是将热点事件巧妙转化为产品，消费者购买的是一种情绪价值。因此一经上市便迅速火爆，秒杀传统旅游纪念品。

接下来我再分析中国第一文创 IP——故宫文创的转化秘诀。

> **提示词**：故宫文创卖得最火的前 5 款产品都是什么，给出文创特点分析，即故宫元素、生活用品转移、情绪价值。

图 3-12 "尔滨"网红文创与传统旅游文创

第三章 用 DeepSeek 生成策划方案

根据搜索结果中提及的故宫文创爆款产品及其市场表现，结合用户需求中的"故宫元素、生活用品转移、情绪价值"三个分析维度，以下是故宫文创卖得最火的前5款产品及其特点分析：

1. 凤冠冰箱贴

- **故宫元素**：以明孝端皇后九龙九凤冠为原型，高度还原文物细节，如可活动的帽翅和镶嵌工艺，将庄重的宫廷文物转化为"微型艺术品" ② ⑪ 。
- **生活用品转移**：冰箱贴作为日常家居装饰品，兼具实用性与观赏性，用户可将其用于冰箱、办公桌等场景，融入日常生活。
- **情绪价值**：通过"收藏欲"和"社交属性"满足年轻群体的心理需求。产品在社交平台引发晒单热潮，用户通过展示藏品彰显文化品味，同时参与"如何买到凤冠冰箱贴"等话题讨论，形成圈层认同感 ② ⑪ 。

2. 天宫藻井冰箱贴

- **故宫元素**：复刻北京古代建筑博物馆镇馆之宝万善正觉殿天宫藻井，五层可拆分结构还原"天圆地方"的宇宙观，夜光设计展现传统天文历法文化 ② ⑪ 。
- **生活用品转移**：冰箱贴的创新设计突破传统纪念品功能，成为兼具装饰与科普意义的家居艺术品。
- **情绪价值**：限量发售和预约抢购机制激发用户"稀缺性"心理，消费者通过抢购成功获得成就感，并通过展示"中式美学天花板"产品强化文化自信 ② ⑪ 。

3. 故宫日历（AR版）

- **故宫元素**：以故宫文物为核心内容，每日展示一件馆藏珍宝，2025年特别版结合AR技术，用户扫描日历页面可观看文物动态展示，如《清明上河图》立体化呈现 ⑪ 。
- **生活用品转移**：日历作为日常时间管理工具，融入文化教育功能，成为办公桌或家庭书房的"微型博物馆"。
- **情绪价值**：用户通过每日"撕页"仪式感体验传统文化，AR互动增强参与感，满足年轻群体对"沉浸式文化消费"的需求 ⑪ 。

4. 宫猫系列文创（笔记本、钥匙扣等）

- **故宫元素**：以故宫网红猫为原型，结合四季宫廷景观设计，如"四季宫猫"笔记本封面绘制不同季节的故宫猫活动场景 ⑦ ⑧ 。
- **生活用品转移**：文具、钥匙扣等高频使用物品，既实用又承载文化符号，例如笔记本内页穿插故宫建筑知识图文 ⑦ ⑧ 。
- **情绪价值**：萌系设计触发"治愈感"，宫猫形象成为用户情感寄托，传递"故宫守护者"的温暖叙事，吸引爱宠人士和文化爱好者双重群体 ⑦ ⑪ 。

5. 福蛇庆岁贺岁礼盒

- **故宫元素**：包含春联、福字、窗花等传统节庆用品，设计灵感源于清代红色缎绣折枝牡丹团寿字对联，融入蛇年主题印章（如《福蛇庆岁》《金瓯永固》）④ ⑪ 。
- **生活用品转移**：礼盒内容均为春节刚需装饰品，用户通过张贴春联、悬挂窗花，将故宫文化融入节日场景。
- **情绪价值**：礼盒传递"岁岁平安"吉祥如意"等美好寓意，满足用户对传统年俗的情感需求，兼具收藏价值与仪式感，成为新年馈赠佳品 ④ ⑪ 。

总结:爆款共性规律

1. **文化符号的现代化转化**:将故宫文物、建筑、历史人物转化为萌系、实用或科技化设计,降低文化传播门槛 ② ⑦。
2. **场景渗透与高频使用**:选择冰箱贴、日历、文具等生活场景高频出现的物品,强化文化触达的持续性 ② ⑪。
3. **情绪驱动消费决策**:通过稀缺性(限量发售)、社交属性(晒单互动)、治愈感(萌宠元素)激发用户购买动机 ② ⑪。

如需了解更完整的产品信息或购买渠道,可参考故宫文创旗舰店及合作平台(如宁波素年工艺品公司)的官方发布 ⑦ ⑪。

👍 🔄 👎

上述回答中,DeepSeek 误把明孝端皇后九龙九凤冠冰箱贴(见图 3-13)和万善正觉殿天宫藻井冰箱贴(见图 3-14)当成故宫文创。尽管知识准确度上出现偏差,但模型在识别产品创意价值与工艺亮点方面表现出较强的敏感性——明孝端皇后九龙九凤冠冰箱贴,高度还原了文物细节,可活动的帽翅和镶嵌工艺,将庄重的宫廷文物转化为"微型艺术品";复刻北京古代建筑博物馆镇馆之宝的万善正觉殿天宫藻井,五层可拆分结构还原"天圆地方"的宇宙观。

图 3-13 明孝端皇后九龙九凤冠冰箱贴　　图 3-14 万善正觉殿天宫藻井

这两个爆火文创产品的创意之所以广受欢迎,在于它们通过文化符号的还原与创意表达,激发了消费者的审美兴趣与情感共鸣。这也提示我们：要在长江环保主题下打造具有传播力的文创产品，同样需要从文化资源入手，系统梳理长江流域可转化为产品的热门 IP 与地域符号。

> 提示词：请你梳理长江流域知名 IP，包括人物、动物、植物、建筑等，生成表格，并对应列出转化成文创的生活用品，给消费者提供的情绪价值，以 markdown 形式生成。①

表3-4　笔者让 DeepSeek 生成的表格

IP 类别	IP 名称	文创生活用品	情绪价值
动物	长江江豚"豚宝"	毛绒玩偶、环保布袋、徽章	传递生态保护理念，激发用户对珍稀动物的共情与责任感
人物	网络文学角色（如《庆余年》范闲）	角色手办、主题服饰、联名文具	满足粉丝对角色的情感投射，增强 IP 归属感与社交圈层认同
建筑	岳阳楼	AR 互动明信片、立体拼图、茶具套装	通过科技赋能历史场景，提供文化沉浸体验，提升艺术审美与知识获得感
文物	三星堆青铜面具	盲盒摆件、金属书签、夜光杯垫	以萌化设计降低文化门槛，满足收藏欲与猎奇心理
植物	长江流域芦苇	芦苇纤维餐具、湿地主题香薰蜡烛	传递自然生态美学，营造返璞归真的生活仪式感
文化符号	长江诗词意象	水墨风丝巾、诗词笔记本、AR 日历	通过诗词意境唤起文化共鸣，满足用户对诗意生活的向往
民俗	端午龙舟文化	龙舟造型 U 盘、香囊挂件、赛舟主题积木	强化传统节庆情感联结，激发家庭互动与亲子教育价值
现代地标	重庆魔幻山城	轨道穿楼模型、缆车钥匙扣、洪崖洞夜灯	以城市符号唤起在地自豪感，满足游客对网红打卡地的纪念需求

经过核对，《庆余年》为长江流域网络文学作品②，三星堆遗址

---

① markdown 形式：一种纯文本格式。
② 资料来源：《热议长江流域的网络文学影视转化：文学是影视的母体》，https://baijiahao.baidu.com/s?id=1813623454819992068&wfr=spider&for=pc。

被誉为"长江文明之源";屈原端午投江的汨罗江为长江支流,被称为端午源头、龙舟故里。相传屈原投江两岸渔船争相打捞,留下了用船只竞渡为屈原招魂、祭祀,演变为端午赛龙舟的风俗,流传至今。虽然 DeepSeek 生成的内容无误,但对照"尔滨"和故宫文创,总是缺乏情绪感染力。

三、情绪驱动策略

一边是长江 IP,一边是乐高、盲盒、奶茶、电子产品等生活用品,如何耦合并促发情绪?

情绪是人类对内外部刺激的复杂反应。心理学家保罗·艾克曼把人类的情绪分为六大类:喜悦、愤怒、悲伤、恐惧、厌恶和惊讶。其中喜悦、惊讶等积极情绪通常具有较高的情绪唤醒程度,能够有效激发个体的共享行为。因为意外感能有效打破听众已有的预测机制,进而重新塑造其认知,并增强核心信息的记忆效果。

我们从提示词的角度加强高唤醒情绪的概念,例如:

> **提示词**:请以奶茶为载体,巧妙融入长江流域 IP 元素,打造能瞬间激发消费者惊喜感的爆款文创产品,目的是激发年轻人对长江的关注和保护意识。

在 DeepSeek 给出的若干创意中,有一个创意非常打动人,即奶茶与长江流域特色美食联名。

2. 跨界联动与场景渗透
- 联名茶饮:推出"长江风味奶茶"(如三峡云雾茶、脐归脐橙奶盖),购买限定款获双倍文创 ⑩ ⑪。
- 文旅结合:在长江文化艺术节、电竞市集设置兑换点,用户凭文创可免费体验AR导览 ① ⑨。

3. 知识传播设计
- 每个文创附带二维码,扫码可学习长江生态/历史知识(如江豚栖息地变迁、三星堆考古进展)。
- 设计"长江知识闯关"小程序,用户答题解锁隐藏款兑换资格 ⑦ ⑪。

在此创意上我们再补充提问,让方案完整。

第三章 用 DeepSeek 生成策划方案

> 提示词：请用联名茶饮：推出"长江风味奶茶"（如三峡云雾茶、秭归脐橙奶盖）的方式，再结合长江饮食特点，开发至少5款奶茶，并给出与长江元素结合点，以及如何激发年轻人对长江的关注和保护意识。

以下是以长江饮食文化为核心，结合地域特色食材与生态保护理念设计的5款联名茶饮方案，每款产品均融入长江元素并通过互动机制激发年轻人的环保意识：

---

1. 三峡云雾茶拿铁

长江元素结合点：

- 原料：选用三峡库区高山云雾茶为基底，搭配秭归脐橙果粒，体现"一江碧水孕好茶"的地域特色 ⑥ ⑪。
- 包装设计：杯身印有动态AR江豚图案，扫描后可观看三峡大坝与江豚共生的虚拟场景。

环保互动设计：

- 每售出一杯，捐赠0.5元至长江生态保护基金，附赠"江豚守护者"电子证书，用户可分享至社交平台参与话题#茶饮护江豚#，集赞满50获限量江豚徽章 ① ④。

---

2. 麻辣江湖火锅奶茶

长江元素结合点：

- 口味：以重庆火锅为灵感，奶茶顶部撒辣椒脆片与花椒巧克力碎，搭配红糖冰粉冻，还原"山城热辣"风味 ⑪。
- 文创赠品：附赠"长江地标火锅底料盲盒"，内含磁器口、洪崖洞等网红地标造型的迷你底料块。

环保互动设计：

- 杯套印有垃圾分类小贴士（如火锅油回收流程），参与线上环保问答可解锁"长江清洁侠"虚拟勋章，兑换奶茶折扣券 ①。

---

3. 洞庭银鱼椰香奶昔

长江元素结合点：

- 原料：采用洞庭湖银鱼烘干研磨成粉，与椰奶混合，打造咸甜交织的独特口感，呼应"鱼米之乡"饮食文化 ⑥。
- 包装设计：杯身采用可降解芦苇纤维材质，雕刻湿地候鸟图案，附赠迷你芦苇书签（内含种子可种植）。

环保互动设计：

- 购买即赠"湿地保护AR明信片"，扫描后显示洞庭湖生态修复对比图，用户转发可参与抽奖获得湿地研学体验名额 ④ ⑪ 。

4. 赤壁米酒桂花冻

长江元素结合点：

- 口味：以湖北孝感米酒为基底，加入赤壁丹霞地貌灵感调制的红心火龙果冻，顶部撒桂花碎，寓意"火烧赤壁，金桂飘香" ⑥ ⑦ 。
- 文创赠品：随杯附赠三国诗词贴纸（如"大江东去浪淘尽"），集齐一套可兑换非遗剪纸套装。

环保互动设计：

- 推出"诗词护江"小程序，用户上传与长江相关的原创诗句，点赞数前100名可获得长江生态纪录片VIP观影权 ⑦ ⑪ 。

5. 江鲜豆腐慕斯茶

长江元素结合点：

- 原料：借鉴长江沿岸"江鲜豆腐"传统小吃，将嫩豆腐制成慕斯，搭配茉莉茶汤，顶部装饰鱼形抹茶饼干 ⑥ ⑪ 。
- 包装设计：杯套设计为长江流域鱼类图鉴折页，标注濒危物种（如中华鲟）保护现状。

环保互动设计：

- 杯底印有"旧杯回收计划"二维码，返还3个空杯可兑换非遗竹编杯套，材料用于制作江岸防护林标识牌 ① ⑤ 。

联名运营策略

1. **公益闭环：** 每款产品销售额的1%捐赠至长江生态保护项目，用户可通过扫描杯身二维码追踪资金流向 ① ④ 。
2. **科技互动：** 结合AR技术，扫描杯身触发虚拟江豚跃出水面动画，用户合影分享可获隐藏款数字藏品（如动态三星堆青铜面具NFT） ④ ⑦ 。
3. **地域联动：** 在不同流域城市推出限定口味（如武汉热干面奶茶、南京盐水鸭奶盖），搭配方言贴纸盲盒，强化地域文化认同 ⑪ 。
4. **知识传播：** 杯身印刷迷你长江生态知识（如"江豚的叫声频率""三峡植被覆盖率"），扫码可参与环保知识竞赛赢取文创奖励 ① ⑥ 。

总结

通过将长江饮食文化、地标IP与环保理念深度结合，这些茶饮不仅提供味觉体验，更以"轻公益、强互动、高颜值"的设计吸引年轻人。从AR互动到旧杯回收，从地域联名到非遗赠品，每一环节都潜移默化传递长江保护意识，实现"舌尖上的文化传承"与"行动中的生态守护"双赢 ④ ⑦ ⑪ 。

提示词还可以增加创意者对于生活现象的观察，把产品带入提示词。

> 提示词：某奶茶品牌推出"买奶茶送鸭子、集小鸭子换大鸭子"的促销方式，非常受年轻人欢迎。请你以这种方式，分析长江流域支流的概念结合，让文创奶茶能够激发消费者惊讶的高唤醒情绪，进而激发年轻人对长江的关注和保护意识。

大家可以尝试用"生活用品"+"长江 IP"+"目标情绪"的提示词再生成其他文创产品。

第四章　用 DeepSeek 生成图像与视频

第一节　生成公益广告海报

公益广告是区别于商业广告、着眼于公众利益、旨在唤起公众意识和推动社会行动的特殊广告形式。① 根据美国营销协会(American Marketing Association, AMA)发布的定义,公益广告是由政府或非营利组织发起的、以增进公众福祉为目标的广告活动,不涉及营利或商业利益。国内学者陈培爱在经典教材《广告学概论》中指出,公益广告的本质是服务于社会公共利益,通过对社会问题的揭示或正向价值观的传播,达到引导公众态度转变、促进社会和谐进步的目的。公益广告创作过程中,明确的公益诉求是首要前提,其传播议题通常涉及公共卫生、安全教育、环境保护、道德倡导等具有广泛社会意义的主题。

国家广播电视总局在《广播电视和网络视听"十四五"发展规划》中指出:"以人工智能等技术为代表的新一轮信息革命浪潮,给广播电视和网络视听传播工作带来新的挑战,也为融合发展、迭代升级带来重大机遇。""积极推动运用人工智能等技术,创新内容选题、素材集成、需求组合、创作生产等,发掘创意空间,深耕内容制作,创新节目形态……让个性化定制、精准化生产更好为提升作品质量、满足人民需求服务。"② 在数字化时代,AIGC 能够辅助广告创

---

① 杨效宏.公益广告的排他属性与广告的公益传播[J].新闻与传播评论,2022,75(4).
② 国家广播电视总局规划财务司.广播电视和网络视听"十四五"发展规划[R/OL].(2021-10-08)[2022-03-01].http://www.nrta.gov.cn/art/2021/10/8/art_113_58120.html.

意、标题创意、海报文案、产品视觉等多种场景,在视听生产提质增效、文化创意内容形式革新方面独具优势。本节将结合笔者在大众传播项目中的创作和管理经验,借助 DeepSeek 展开"主题确立—传播目的—创意生成—价值表达—视觉关联"的全流程演示(见图 4-1),并讨论如何通过"由所指推导能指"的方式,引导 AI 生成具备社会意义与视觉传播力的公益海报。在这一过程中,人类仍是创意系统中的主导力量,确保广告内容既富有创意又能触动人心。

图 4-1 公益广告创意步骤与实现机制

一、主题设定

公益广告创意的起点是主题设定。以体育公益广告为例,选择一个富有社会现实意义且具备情感共鸣的公益议题,是广告成功的关键之一。公益广告通过创意文案和视觉表现,引发受众的情感共鸣,强化社会认同,最终促成个体及群体层面的行动响应。

近年来,"饭圈文化"作为体育传播领域逐渐蔓延的一种非理性现象,不仅损害了体育赛事的健康传播生态,严重破坏竞技公平,并对青少年价值观产生影响。"饭圈文化"是粉丝文化伴随着社交媒体的发展和互联网产业模式的转变所衍生出的新样态,是粉丝群体以网络社交平台为主要空间、围绕偶像所展开的生产和消费行为①。从本质上说，体育"饭圈"是一个因体育明星聚集、为体育明星活动的群体组织，组织内的体育粉丝们以追星的方式追捧某位运动员或某支队伍，这种行为逐渐形成了一种文化现象，被称为体育领域"饭圈"现象。然而，在这一过程中，原有的体育精神与粉丝情感被异化为过度商业化、盲目崇拜和个人身份的丧失。"饭圈"起源于网络社群，指的是由追星粉丝自发组成的文娱社群逐渐发展成的有组织、专业化的利益圈层。部分粉丝将追星行为带入赛事评论区，甚至组织拉票行为，扰乱了专业评价与舆论空间。国家体育总局局长高志丹在整治体育领域"饭圈"乱象专题工作会上表示，要坚决铲除畸形"饭圈文化"在体育领域滋生滋长的土壤和条件，为体育强国建设战略目标的实现营造稳定有利的发展环境(见图 4-2)。②

图 4-2　2024 年全国体育宣传文化工作会议

---

① 胡泳,刘纯懿.现实之镜:饭圈文化背后的社会症候[J].新闻大学,2021(8):65-79,119.
② 葛会忠.体育总局召开整治体育领域"饭圈"乱象专题工作会[N].中国体育报,2024-08-29(001).

体育公益广告是价值引导与舆论倡导的重要形式,因此,围绕"抵制饭圈文化"这一主题展开公益创意,既体现了对国家体育治理导向的响应,也紧扣当前体育传播的现实困境,具有较强的议题适配性与传播现实性。

二、传播目的

根据近两年的相关数据①,体育"饭圈"粉丝以 18—35 岁青年为主(社会人士占比超学生群体,70%以上具有本科及以上学历),女性占主导地位(乒乓球、羽毛球等项目女性超 60%,CP 粉群体更集中),主要活跃场景包括线上(微博超话、短视频平台代拍交易及控评)与线下(比赛现场闪光灯干扰、机场代拍围堵等行为)。

针对"抵制饭圈文化"这一议题,目标受众应聚焦于体育粉丝群体中的年轻人,尤其是活跃于社交平台、易受同龄人影响的青少年用户。这一群体既是"饭圈文化"的主要参与者,也是在价值观建构过程中最具可塑性的阶段性群体。

【提示词结构:受众—情绪—行为】

请你围绕"抵制饭圈文化"这一主题,设计一个公益广告的传播目的表述。请明确:①目标受众是谁(如青少年体育粉丝);②你希望他们认识到哪些问题(如"饭圈文化"对体育精神的破坏);③你希望他们产生什么样的情绪或态度变化(如反思、内疚、认同、理性)。

> 提示词:请你结合体育传播场景与"饭圈文化"现象,设计该公益广告的传播目的。广告的受众是体育粉丝青少年,希望他们反思盲目追星的影响,并理解体育精神。用一句话概括你希望受众看完广告后产生何种情绪或认知变化,并指出这种变化如何服务于广告主题的表达。

---

① 资料来源:《中国"饭圈"粉丝画像揭秘》,https://www.huxiu.com/article/358455.html。

传播目的设计：
通过解构体育饭圈中"颜值打投""控评洗白""数据造假"等异化行为，将受众情绪从**对运动员的占有式崇拜**转化为**对体育精神的敬畏感**，使12-18岁体育粉丝在认知上完成"竞技场不是娱乐圈"的范式转换，具体表现为：当看到运动员失误时，第一反应不再是"控评反黑"，而是自发讨论技术动作改进方案——这种从**捍卫偶像完美人设**到**尊重体育真实规则**的认知跃迁，直接瓦解饭圈文化侵蚀体育界的核心路径。

【认知锚点】
"你为他刷票的手速，永远追不上他训练时突破的秒速"——用运动员真实训练数据对比粉丝虚拟打投行为，**建立过程价值 > 结果操控**的体育伦理共识。

👍

DeepSeek 给出的传播目的，逻辑较为清晰，准确地表述了"从占有崇拜到敬畏感"的情绪变化。视觉表现上捕捉到了"刷票手速"和"训练速度"的对比，为后续的视觉化提供了一定的基础。

三、创意生成

公益广告的传播效果很大程度上依赖于"符号"的有效组织。根据索绪尔（F. de Saussure）的定义，"符号"由"能指"与"所指"构成。"能指"是实现传播诉求的首要构成要素，是语言或视觉的物质表现形式，包括图像、文字、颜色、构图等可感知的创意手段，是受众接触广告内容时最直接的视觉入口；"所指"则是符号背后的观念或意义。创作者通过对"能指"和"所指"能够生成基础的创意呈现和价值主张。

以图文类公益广告为例，常见的"能指"类型包括视觉隐喻图像（如将水龙头设计成沙漏隐喻水资源流失）、强烈反差的色彩对比（如黑白与鲜红形成冲突感，突出暴力主题）、夸张变形的字体或图形（如烟雾形成的骷髅暗示吸烟危害）。除此之外，创意者也可以从现实生活中汲取文化符号作为表达媒介。如一根燃烧的蜡烛象征哀悼，一个空置的婴儿车暗示儿童受到伤害……这些具象符号之所以有力，是因为它们已在集体记忆中积累了稳定的情感指向。掌握"能指"的类型是广告创意的基础，也是后续使用 DeepSeek 生成公益广告的前提。

在实际创作中，创意者先将公益广告主题拆解为关键词，围绕"图像能指（图像、颜色、构图）""文字语言能指（标语、文案、标题)"等分别设定指令,让 DeepSeek 在形式层面生成有表现力的符号。这种基于"能指"规律的提示设计方式,有助于大模型在不偏离主题的前提下生成具有传播力的创意草案,为"所指"的价值建构奠定基础。

以"抵制饭圈文化"为例,策划者可以用"攒动的人群""手持应援灯牌的背影"或"失控的人潮与警戒线"作为"能指",表达"群体狂热""盲目追随"的视觉隐喻。在语言文案层面可使用"理性追星""热爱别成伤害"等引导性标题。即便是缺乏视觉设计基础的用户,也可以通过关键词获得清晰的生成图像。

> 提示词:请你设计一幅"抵制饭圈文化"的体育公益广告海报,主题聚焦于理性追星与体育精神的回归。请你设计带有隐喻性的图像元素,突出引导性的文案,且适用于校园宣传或青少年群体教育场景。

公益广告海报设计提案:《速度的真相》

视觉构图（隐喻系统）

1. 主视觉:
   - 扭曲变形的荧光棒融化成田径跑道,末端分裂为**裁判黄牌**与**运动员肌肉扫描图**（象征从狂热到理性的形态转变）
   - **破碎的手机屏幕**中迸发出**标枪轨迹数据流**（数字具象化为标枪飞行的空气动力学参数）

2. 背景层:
   - **虚化的粉丝群像** 以低饱和度处理,手持**打榜金额电子屏**组成人墙
   - **实焦的运动员** 在赛道尽头凝视**训练心率监测曲线图**（虚实对比强化价值选择）

核心文案（引导性文本）

- **主标题**:
  "你刷票的手速,追不上他突破的秒速"
- **副标题**:
  "真正的荣耀不在榜单,在每一次规则内的碰撞"
- **数据锚点**:
  "某运动员年度训练时长=3.2万次打投点击耗时"（采用训练日志真实数据换算）

视觉符号系统

1. **色彩方案：**
   - 主色调：**实验室灰**（#4A4E54）+ **体育器械铁蓝**（#2E4372）
   - 警示色：**裁判黄牌明黄**（#FFD700）仅用于数据对比条
2. **字体设计：**
   - 标题使用 **田径号码布字体**（边缘模拟被撕除的胶质感）
   - 数据文本采用 **训练监控屏电子字体**（LED点阵效果）

隐喻体系解析

1. **荧光棒-跑道变形**：暗示应援行为的能量应导向正确赛道
2. **手机裂纹-标枪数据**：数字暴力应转化为对运动科学的尊重
3. **心率曲线覆盖打投金额**：生理极限记录对虚拟消费的降维打击

适用场景增强设计

1. **校园版特别适配：**
   - 在海报底部增设 **训练周记填空区**（可撕式便签条供学生记录真实运动数据）
2. **AR触发彩蛋：**
   - 扫描海报黄牌区域可查看 **运动员反饭圈声明**（使用腾讯云AR识别技术）

该设计通过 **体育工程美学** 消解饭圈视觉奇观，用 **运动科学数据** 构建理性对话语境，最终实现从"为偶像出征"到"向规则致敬"的认知转向。

> ① 本回答由 AI 生成，内容仅供参考，请仔细甄别。

DeepSeeK 的回答在主视觉的设计上提取了典型的"饭圈"行为方式和物料。扭曲变形的荧光棒构成的跑道作为"能指"，传达了"饭圈"应援行为对竞技赛场的干扰；训练心率监测曲线图作为"能指"与"打榜金额电子屏"（见图 4-3）之间形成隐喻。每一对视觉符号的设计都符合要求，但是加在一起显得主视觉过于密集，选择一对即可。背景层的画面与主视觉有些重复，可加入"运动现场"音效元素（如呼吸、汗水、击掌声）等元素，有助于提升画面沉浸感。颜色和字体的设计都非常有巧思。整体可执行性较高。

图 4-3　观看广告打榜(左);花钱购买道具打榜①

图 4-4 是北京体育大学新闻传播学院 2024 级硕士研究生在"智能媒体前沿"课上,用 AIGC 创意设计的体育公益广告。

海报中的"能指"为被手机闪光困扰的运动员不得不终止比赛,直指赛场上的不文明观赛行为。

图 4-4　北京体育大学新闻与传播学院学生 AIGC 公益广告课堂作业《闪光呐喊失误多 精心观赏胜算多》
（创作者:陈璐、董允、高杰英、李欣沂）

---

① 资料来源:《都说饭圈"打投"疯,但更疯的是那些操控粉丝的榜单们》,https://baijiahao.baidu.com/s? id=1699975813027496699&wfr=spider&for=pc。

下面两张海报中的"能指"为头为足球的人、钱币、球场,以及同一赛场上女性运动员被冷落、男性运动员被媒体包围;"所指"分别为"沉迷赌球使人误入歧途,倡导公众回归体育本质"和"批判媒体报道中的性别偏见,倡导性别平等,构建更加包容、公正的体育传播生态"。

图 4-5　北京体育大学新闻与传播学院学生 AIGC 公益广告课堂作业《理性赌球 切勿掉进钱眼》

(创作者:盖力文、李佳原、张文娜、张君瑞、周晓明)

图 4-6　北京体育大学新闻与传播学院学生 AIGC 公益广告课堂作业《她的声音也值得被听见》

(创作者:薛宸、张智超、柳鑫赖、李佳忆、赵晨彤、王晗)

四、价值表达

图 4-7 是由 WWF(世界自然基金会)创意的公益广告,文案为"节约用纸保护地球"。纸巾盒印着一个南美大陆的图形,盒内的绿色纸巾代表南美洲的热带雨林。当盒内的纸巾被慢慢地抽出时,绿色逐渐减少。地图、颜色和抽取纸巾动作组成了"能指",引导观众产生对雨林砍伐、生态破坏的观念联想,激活环境担忧与生态责任意识。WWF 设计该广告,希望大众能意识到日常使用一次性纸巾这一看似无害的消费行为,实则与全球生态危机相关联,进而促使人们在行为层面做出改变。这种从"视觉感知"到"观念唤起"再到"态度转化"的"知信行"过程,是公益广告"所指"部分的意义建构过程,决定了广告是否意义深远、回味无穷。

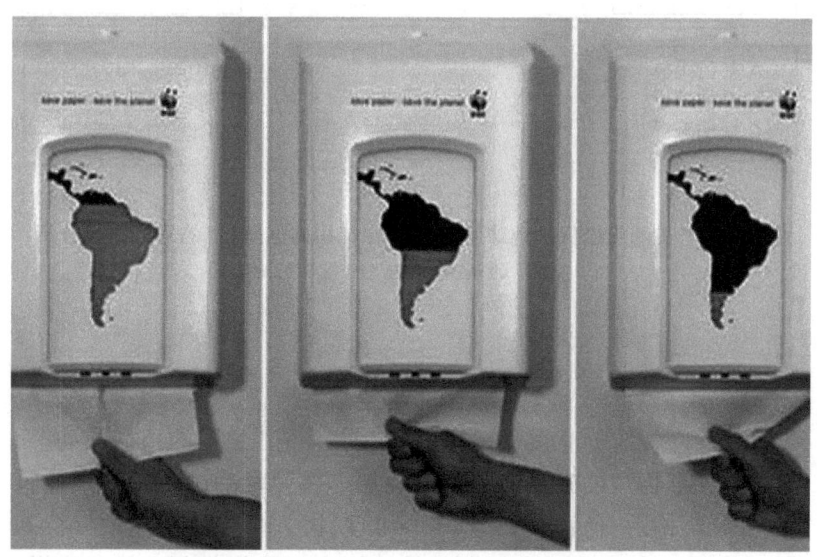

图 4-7　WWF 公益广告《节约用纸保护地球》

语言学家索绪尔提出"所指"即符号背后的观念意义。这种"所指"通常并不具象,是某种社会伦理议题、行为倡导或情感召唤,例如环保、平等、健康、反暴力、公共秩序等。这类抽象的价值诉求必须依靠视觉、语言或情境激发观众的情绪共鸣,引发愤怒、怜悯、羞耻或希望等情感反应,从而推动公益诉求的成功触达。AIGC生成广告方案时,创作者应学会"由能指回溯所指"的思维路径。

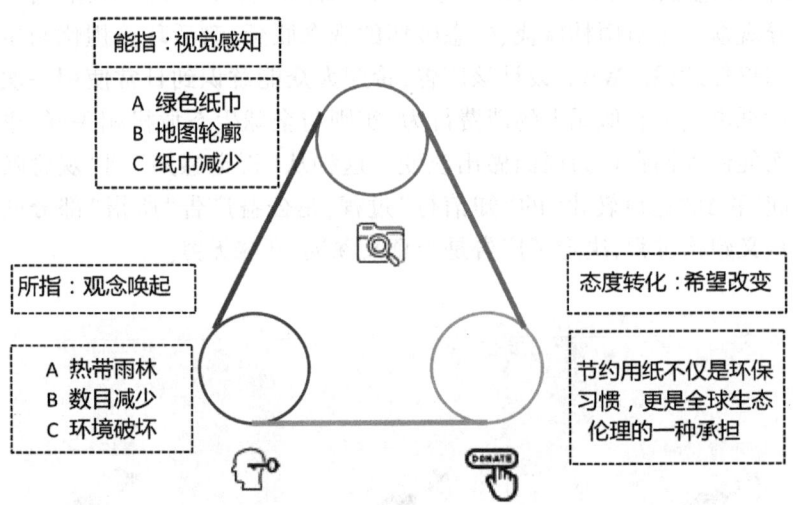

图 4-8 "节约用纸保护地球"广告中"由能指回溯所指"的思维路径分析
("能指"的 ABC 对应"所指"的 ABC)

五、视觉关联

公益广告的创意过程,是"能指"与"所指"之间的巧妙联动,而不是具象事物与抽象意义的简单叠加。这种联动过程是让视觉符号在图像、构图、色彩、语言等多个维度,嵌入广告所关注的社会问题,同时唤起观众对这一问题的情感回应和价值判断。只有这样,观众才能理解广告要表达什么,也才有可能产生认同或行动(见表4-1)。

表 4-1　实际创作中常见的匹配方式

匹配方式	意义	海报范例及希望达到的目的
隐喻转化	通过视觉象征将抽象理念具象化。右边的画面中"能指"为出现在美洲豹身上的服装尺码标签。XL 和 S 寓意人类的服装产业。当它们出现在美洲豹身上时,"所指"即为"人类的时尚产业对大自然的伤害"。	 拒绝消费动物制品服饰
	该广告通过讲述王霜留洋、训练、逆境成长的经历,将"坚持、韧性、耐力"这一抽象精神品质,与南孚电池"持久续航"的产品特性形成隐喻性的心理联结。	 将产品性能与青年奋斗精神挂钩,增加品牌的好感度

续表

匹配方式	意义	海报范例及希望达到的目的
结构反差	通过夸张的对比构成张力。小汽车排气管后面连接的巨型黑云状气球,把汽车一天排放的尾气进行了具象化表达。一大一小形成巨大的视觉反差。	倡导绿色出行
结构反差	Under Armour 推出的广告 *Rule Yourself*,其核心理念基于马尔科姆·格拉德威尔的"一万小时定律",即成功需要经过至少一万小时的刻苦训练。为强化这一主题,广告采用军事训练风格的背景音乐,传达库里等明星运动员,即使身处巅峰时刻,仍需日复一日重复千万次。成千上万的自己(能指),象征日复一日的训练与自律(所指)。	激励专业运动员或业余爱好者
情绪代入	通过表情、场景、构图等引导受众共情。智利首都圣地亚哥的这张大幅海报展示了洪水中逃亡的难民。搭配着这座建筑上数十台空调,海报中的难民形象激发大众的同情之心。	耗电的空调间接向空气中排放二氧化碳,是造成气候改变的一个重要原因,倡导人们尽量减少使用空调

"能指"和"所指"为符号的两面,但在实践中,创作者往往需要先确立"所指",即广告欲传递的核心理念或价值诉求,再据此寻找承载具有象征性、隐喻性或情绪唤起功能的"能指"形式。因此借助 DeepSeek 强大的算法能力,"所指优先"原则有助于创作者控制生成方向、聚焦传播目标。

> 提示词:请你扮演擅长使用 AIGC 的广告导演,用"能指和所指"的概念设计一张"抵制体育饭圈文化"的公益广告海报。海报的"所指"为"体育应回归竞技本质,拒绝情感绑架与非理性应援"。根据"所指"给出三个"能指"载体,"能指"载体要求具有结构反差的特点,能唤起观众对这一议题的情绪反应,并阐述"能指"与"所指"的匹配关系,海报使用为网络媒体。

基于网络媒体传播的视觉冲击需求与符号学原理,现设计三个具有结构性撕裂感的能指载体方案,通过超现实场景建构实现所指的深层转译:

方案一:沉默的呐喊
能指载体:游泳运动员面部特写,口鼻被荧光应援棒交叉封住,水面倒影呈现粉丝控评弹幕

- **结构反差**:人体呼吸系统(生命本能)VS 工业化应援符号(文化暴力)
- **符号匹配**:
  ① 荧光棒构成"X"型封锁线,将运动呼吸转化为应援工具
  ② 水面弹幕反射"哥哥值得""黑子道歉"等典型饭圈话术
  ③ 运动员眼角反光处理,制造被窒息却无法发声的共情点
  传播适配:竖构图适配手机滑动观看,荧光蓝与皮肤暖橙形成对抗色温

方案二:扭曲的竞技
能指载体:举重杠铃两端异化为巨型打榜手机,绷紧的肌肉血管化作数据线缠绕手臂

- **结构反差**:钢铁器械(体育本体)VS 数码设备(异化介质)
- **符号匹配**:
  ① 手机屏幕显示实时投票数取代重量标识
  ② 血管数据线中流动"氪金""刷票"等关键词
  ③ 运动员扭曲表情呈现力量对抗与精神困惑的双重张力
  传播适配:采用2.35:1超宽画幅切割手机屏幕,强迫用户横屏观看强化不适感

方案三：污染的绿茵

能指载体：足球场草皮裂缝中涌出应援灯牌海洋，裁判举红牌指向灯海中的"网络暴力"文字

- **结构反差**：自然草场（竞技净土）VS 人造光污染（文化侵蚀）
- **符号匹配**：
  ① 灯牌拼出"人肉搜索""P遗照"等极端行为关键词
  ② 红牌投影化作利剑刺穿灯海，形成道德审判意象
  ③ 草皮裂缝使用皮肤皲裂质感，暗示体育肌体创伤
- **传播适配**：加入故障艺术特效，灯牌区域进行像素化处理隐喻数字暴力

视觉战略逻辑

1. **认知颠覆**：通过器官-器械-空间三重维度解构饭圈侵蚀路径
2. **情绪唤醒**：利用肌肉痉挛、面部微表情等生物性符号触发镜像神经元反应
3. **传播优化**：核心符号均设置在视觉黄金分割点，确保九宫格切图后仍保留关键信息

三个方案均以**身体政治学**为创作基底，将体育精神物化为生命体征，使饭圈异化呈现为外源性病理特征，符合Z世代对"文化病症"视觉化诊断的接受心理。

ⓘ 本回答由 AI 生成，内容仅供参考，请仔细甄别。

好的公益广告以生活化、诗性化、文化韵味打动人。从生成结果来看，总体能够满足提示词的要求，并提炼了典型的"饭圈"行为。但三个"能指"载体存在明显的模式雷同、拼凑之嫌。这也许跟提示词过于任务化有关系，让 AI "对号入座"结果变成"套模板"。创作者可以结合自身的知识储备，增加新的创意场景，例如构思一个从古代体育仪式中汲取视觉隐喻的公益广告等，增加 AIGC 生成的丰富性。

> **练习：隐喻型创意公益广告训练**
>
> **任务说明**：①请以"抵制体育饭圈文化"为主题，完成公益广告创意练习。训练从"价值意图"（所指）出发，构建具有视觉象征意义的图像元素（能指），并借助 DeepSeek 等生成式 AI 工具完成辅助创作。
>
> ②请你设计一张倡导青少年提升"数字素养"的公益广告海报。"所指"为"培育青少年在网络环境中具备辨别虚假信息、抵制网络暴力、形成理性表达与自我保护能力"。
>
> ③请设计一张以"减少一次性塑料使用"为主题的环保公

益广告海报,采用"先设定所指,再寻找能指"的创意方式。"所指"为"警示塑料垃圾对海洋生态与人类健康构成的长期危害,倡导公众在日常生活中做出选择改变"。结合"结构反差"原则,给出 3 种"能指"设计,表现出对大自然敬畏的情感。

第一步|明确价值意图(所指)

请用一句话概括你想传达的核心主张(所指)。

第二步|构思视觉隐喻(能指)

围绕你的价值主张,请设计 2—3 组隐喻性图像元素(能指),并说明它们所象征的意义(所指)。

图像元素(能指)	你希望它象征什么(所指)

第三步|撰写广告口号(文案设计)

请为你的广告设计一句简短有力的公益口号(20 字以内)。

第四步|生成内容

将以下提示词输入 DeepSeek,尝试生成创意草案并根据需要优化。

> 提示词:请换一种更具冲击力的图像隐喻,请用更柔和但讽刺的方式表达。

第五步|自查

- ☑视觉隐喻是否新颖、有力?
- ☑"能指"与"所指"之间的连接是否清晰?
- ☑口号是否有效地传达了价值主张?

第二节　辅助场景再现

在视频内容创作中,技术手段的选择往往受到拍摄目的、叙事结构、时空限制和表达风格的共同影响。生成式人工智能为视频生产尤其是低成本再现场景性影像带来了可能。但要精准驾驭AIGC,我们首先要理解视频内容创作的类型与拍摄方式之间的关系,以及哪类内容更适合采用生成式完成。

一、生成视频与内容类型的适配

从传统影视创作范式出发,视频内容大体可以按照拍摄方式分为以下几类。

纪实拍摄:对现实人物、事件、环境的真实记录,强调"在场性"和"未被干预性"。常用于纪录片、新闻、人物特写等类型。其真实性特点决定了摄制者需要在真实场景与自然光线下完成,并不适合 AIGC。

再现拍摄:指对无法直接拍摄或已无法复现的事件、情景进行影像重建。常见于历史纪录片、纪实短剧、人物传记等类型。此类视频内容需要复原特定时空场景,AIGC 在此类创作中具有天然优势,可生成过去无法拍摄或拍摄成本高昂的画面,如历史场景、战争情景、心理空间等,成为增强叙事真实感与沉浸感的重要工具。

剧情拍摄:包括广告、剧情片、短剧等类型,由演员、布景、分镜等构成完整拍摄流程。虽然主干结构仍依赖真人拍摄,但 AIGC 在创意开发阶段(如分镜图生成、场景预览、动画角色设计等)以及后期合成(如虚拟背景、替换场景、风格迁移)中扮演辅助角色,在视觉设计而非人物表现上具有替代潜力。

动画:当前 AIGC 与文本生成图像、图像转视频技术的发展,使得"文生动图""图生动画"成为现实。尤其在教育、科普、品牌传播等领域,AIGC 动画不仅能降低制作门槛,也能极大提升信息承载密度和视觉吸引力。如北京卫视制作的 AIGC 短片《水滴环游记》以一颗小水滴进入人类生活场景的"环游旅程",引导观众关注水资源,保护环境。

图 4-9　北京卫视 AIGC 短片《水滴环游记》海报

由此可见，AIGC 最适合的应用场景，并非替代"在场式真实"的纪实拍摄，而是用于增强或替代"虚构、重构、演绎类"的影像场景。在新闻传播或非虚构视频中，尤其是那些涉及历史叙事、心理还原、公共事件重演等情景，AIGC 可用于构建"视觉再现层"或"情境补充层"，解决拍摄不可达、素材缺失、制作成本高等难题（见表 4-2）。

表 4-2　AIGC 生成视频的内容适配分类

视频内容类型	拍摄方式类型	是否适合AIGC生成	AIGC可用程度	推荐应用场景（举例）	注意事项与限制
历史事件再现	再现拍摄	☑ 非常适合	高	纪录片中的战争场景、历史街区、领袖演讲复原	应避免伪造真实影像，需明视觉为"演绎"
心理或记忆场景表达	再现/混合影像	☑ 非常适合	高	心理创伤还原、回忆片段、意识流演绎	可采用梦境化、象征化视觉风格
城市想象/未来预测	动画/混合影像	☑ 非常适合	高	城市宣传片、未来生活想象、科技愿景展示	需注意风格统一、具备现实逻辑感
人物专访/真实叙述	纪实拍摄	✗ 不适合	低	需要真实人物出镜（如记者、公众人物）	仅可用于增强背景，不适合替代人物
现场新闻记录	纪实拍摄	✗ 不适合	极低	重大新闻事件、突发报道	不得生成虚假内容，应遵循真实性原则
品牌广告创意视频	表演/混合影像	☑ 部分适合	中	产品宣传、概念广告、科普传播	适合生成视觉辅助内容或背景设定
教育类知识可视化	动画/混合影像	☑ 非常适合	高	数学原理、科技过程、文化史解读	可与文案和配音结合，生成全流程内容

二、基于内容逻辑的风格化构建方法

北体传媒在为国家体育总局健身气功管理中心制作《健身气功·八段锦》线上教学课程的过程中,遇到了一个传统影像制作团队常常面临的典型问题,即当专家讲解八段锦的历史渊源与发展演变时,与之对应的历史视觉素材缺乏。专家讲述如下内容:

"八段锦"一词最早见于东晋葛洪《神仙传·栾巴传》,收录于《四库全书》。唐宋时期流传于民间;两宋时代分化出立式与坐式;明代进入快速发展阶段,清代达到鼎盛。进入21世纪后,国家体育总局健身气功管理中心组织专家重新编创,推出现代版本的"健身气功·八段锦"。

面对时间跨度较大的历史进程,传统后期制作手法通常采用拍摄古代建筑、古籍插画、线稿人物动作示意或动画等方式进行制作。前者显然缺乏新意,后者制作成本高,不是普通创作者可以选用的。参照 AIGC 内容生成适配分类表,这恰好是生成式人工智能的强项。

下面六幅图片,是节目后期编辑第一次生成的图片(见图4-10)。缺乏精确的视觉风格引导,大模型就会生成缺乏艺术性与信息支撑的"古代老人群像"。当这些画面剪辑到一起时就会出现景别雷同、信息量缺乏、风格不统一的常见问题。在生成式图像创作中,如何让输出的图像不仅具备形式美感,还能承载明确的文化意义和叙事意图呢?

图 4-10　AIGC 生成的图片

三、基于线性维度讲述历史演进

第一步：分解时间轴

八段锦的发展主要有晋、唐宋民间、两宋分式、明清进入鼎盛、当代新编五个场景。创作者可以让 DeepSeek 按照字幕内容进行分析，直接给出镜头设计。

> 提示词：我要制作一个讲解八段锦功法历史演变的介绍视频，我给你文字内容，请设计一个 30 秒的脚本，包含时间轴、画面描述、文案和分镜提示词，以表格形式输出。

DeepSeek 果然不出所料，对场景进行了精准地分析。经过重新讨论，笔者先定位图像风格后开始第二次创作。在构建提示词时，笔者有意识地选择了中国古代山水画作为风格模板。这是因为八段锦作为传统养生功法，与山水画在审美意象与哲学精神上高度契合。

以下是按照您的要求设计的30秒视频脚本表格，结合历史脉络与视觉呈现：

时间轴	画面描述	文案	分镜提示词
0:00-0:04	水墨动画展开《四库全书》，镜头聚焦《神仙传》书页特写，背景有东晋文人执笔书写	"「八段锦」之名首现东晋葛洪《神仙传·栾巴传》，奠定千年养生根基"	[古籍特写+水墨晕染]
0:05-0:09	唐宋市井画卷展开，百姓在街巷/庭院练习不同动作（模糊处理突出年代感）	"唐宋流入民间，养生功法扎根华夏大地"	[古风市集+群体动作]
0:10-0:14	分屏对比：左侧宋代文人席地坐式修炼，右侧武者在竹林立式展臂	"两宋分化坐立两式，刚柔并济体系初成"	[左右构图+动作对比]
0:15-0:21	快速切换明清场景：太极服人群在竹林/宫廷同步操练，最后叠化清代武学典籍	"明清鼎盛发展，融合武学医理成完整体系"	[群体演练+典籍叠加]
0:22-0:27	现代体育馆全景，多年龄层统一练习新版八段锦，动作整齐划一	"新世纪国家重编推广，古法焕发全民健康新活力"	[现代场馆+标准动作]
0:28-0:30	健身气功LOGO浮现，背景城市天际线晨练人群剪影	"健身气功·八段锦——千年智慧，当代传承"	[标志定格+城市晨曦]

视觉设计建议：

1. 采用水墨转场贯穿全片，保持历史连贯性
2. 各朝代场景用服饰/建筑元素强化辨识度（如唐襦裙、宋交领、清马褂）
3. 现代部分使用4K实拍与三维动画结合，突显时代对比
4. 背景音效设计：古琴+编钟过渡到清透钢琴旋律

此脚本严格控制在30秒内，通过7个镜头完成千年历史跨度，重点突出「起源-分化-鼎盛-革新」四个关键节点，符合短视频传播节奏。

第二步：设计画面风格

> 提示词：请你匹配与八段锦体现的哲学思想相接近的中国古代山水画的时代、风格和流派。

总结：哲学映射与艺术表达的内在统一

八段锦与山水画的共通性源于中国传统文化中"道法自然"的核心思想：

1. **宋元文人画**以简淡笔墨实现"形神共养"，对应八段锦的"意、气、形融合" 1 10；
2. **明清流派**通过刚柔笔法与生活化题材体现"阴阳调和"，呼应八段锦的动作设计原理 2 10；
3. **禅意与青绿传统**则以象征手法表达生命哲学，与八段锦的养生目标形成跨媒介共鸣 3 10。

二者共同构建了"身心与自然共振"的美学体系，为现代人理解传统提供了"动静相参"的文化视角。

在具体风格选择上，笔者进一步定位于以幽远、寂静为情境的《秋水寒山图》。《秋水寒山图》是中国传统山水画的典型代表，其内核承袭了宋元"以形写意"的美学传统，与八段锦"以意导形""刚柔并济"的身心特质高度一致。

需要强调的是，AIGC模型的训练基础建立在海量美术作品风格分类之上的，因此提示词的设计不能停留在表层描述，而应基于美术史的专业知识体系，指明具体风格、流派或时代，这有助于激活模型已有的美学训练集，得到高质量的图像成果（见图4-11）。

图4-11　即梦生成的《秋水寒山图》

> 提示词:《秋水寒山图》,散点透视,俯视视角,中国古典青绿工笔山水画风格。画面有小山,瀑布,溪流,山村茅舍。画面开阔,大气磅礴。

为了更好地呈现画面,可以让 DeepSeek 增加用于文生图软件(如即梦)可识别的绘图专业用语。

> 请将每个画面的主体环境细节、光影参数补充完整,符合即梦AI的绘画语法

> 已深度思考(用时32秒) ∧
>
> 好的,我现在需要帮用户补充每个画面的主体环境细节和光影参数,符合即梦AI的绘画语法。首先,我需要回顾用户之前的请求和已经生成的脚本。用户最初想要一个30秒的视频脚本,讲解八段锦的历史演变,我已经提供了一个包含时间轴、画面描述、文案和分镜提示的表格。现在用户希望补充每个画面的环境细节和光影参数,特别是要符合即梦AI的绘画语法。
>
> 首先,我需要理解什么是即梦AI的绘画语法。通常,AI绘画工具如MidJourney或DALL-E需要特定的关键词来描述场景、风格、光照、颜色等。用户提到的绘画语法可能指的是这些工具所需的详细参数和描述格式,比如指定分辨率、光线类型、颜色调性、细节层次等。
>
> 接下来,我需要检查用户提供的原始脚本,确定每个画面的关键元素。例如,第一个镜头是水墨动画展开《四库全书》,有东晋文人执笔书写。我需要补充环境细节如书房内的陈设、使用的材质,以及光影参数如光源方向、色温、亮度等。
>
> 可能需要注意的几点:
> 1. 每个画面的主体环境要具体,比如书房内的书架、卷轴、青铜香炉等。
> 2. 光影参数要具体,比如"4500K暖黄烛光"、"softbox柔光"等术语。
> 3. 颜色调性要符合场景,如唐宋市井使用棕褐色调,现代部分用冷蓝色调。
> 4. 细节层次要清晰,比如材质的描述(丝绸、麻布、原木纹理等)。
> 5. 符合历史准确性,比如不同朝代的服饰和建筑特征。
>
> 现在需要将这些思考转化为符合用户要求的补充内容,确保每个画面都有足够的细节和正确的参数,同时保持表格的结构。可能还需检查时间轴的分配是否合理,确保30秒内每个镜头的切换流畅,信息传达清晰。

他甚至注意到了暖光

第四章　用 DeepSeek 生成图像与视频

以下是基于即梦AI绘画语法细化后的分镜脚本，包含**主体环境参数**与**光影指令**，采用「关键词权重分层」结构：

时间轴	画面描述（AI绘画语法细化版）	文案

0:00-0:04

【主体】东晋书房：藤花乌木书架(丝绸包边)+青瓷笔洗(釉面反光)+《神仙传》羊皮卷轴(做旧裂纹)

【光影】烛光主光源(4500K暖黄,强度0.7)+纸窗侧逆光(25°入射角)+烟雾粒子(浓度0.3)

【风格】工笔水墨(线条精度95%)+旧电影噪点(颗粒度15%)

"「八段锦」之名首现东晋葛洪《神仙传》，奠定千年养生根基"

0:05-0:09

【主体】唐宋市井：夯土墙(裂纹贴图)+布招幌(麻布质感)+青石地砖(苔藓细节)

【光影】自然漫射光(阴天模拟,亮度0.6)+灯笼补光(半径2米,色温2700K)

【风格】敦煌壁画褪色效果(饱和度-30)+动态模糊(快门速度1/15)

"唐宋流入民间，养生功法扎根华夏大地"

0:10-0:14

【左侧】宋代茶室：竹帘(半透光)+藤编坐垫(纤维细节)+青釉茶具(高光点0.8)

【右侧】竹林演武场：粗砺石板(法线贴图)+露水反光(强度0.4)+竹叶投影(密度60%)

【光影】左：烛光(暖黄渐变)+右：晨雾冷光(色温7000K,柔光罩扩散)

"两宋分化坐立两式，刚柔并济体系初成"

0:15-0:21

【明清场景1】竹林群练：扎染练功服(棉麻纹理)+晨雾柔光(丁达尔射线角度35°)

【明清场景2】宫廷庭院：汉白玉栏杆(镜面反射0.6)+云锦官服(金线刺绣细节)

【光影】场景1：顶光模拟(强度0.5)+场景2：金色斜阳(色温2200K,投影拉伸)

"明清鼎盛发展，融合武学医理成完整体系"

0:22-0:27
【现代场馆】玻璃幕墙(反射率0.75)+木地板(UV纹理)+LED屏幕(光污染强度0.4)
【光影】高亮顶灯(色温6000K,区域光半径5米)+动作轨迹线(光流残影长度20%)
【细节】人物服装:速干材质(高光0.9)+运动捕捉标记点(荧光色饱和度+40)
"新世纪国家重编推广,古法焕发全民健康新活力"

上述提示词收到了意想不到的效果。

「八段锦」首现东晋葛洪《神仙传·栾巴传》,奠定千年养生根基(见图4-12)。

[主体] 东晋书房:雕花乌木书架(丝绸包边)+青瓷笔洗(釉面反光)+《神仙传》"神仙传"羊皮卷轴(做旧裂纹)

[光影] 烛光主光源(4500K暖黄,强度0.7)+纸窗侧逆光(25°入射角)+烟雾粒子(浓度0.3)

[风格] 工笔水墨(线条精度95%)+旧电影噪点(颗粒度15%)

图4-12 即梦生成的东晋书房场景

唐宋流入民间,养生功法扎根华夏大地(见图4-13)。

[主体] 唐宋市井:夯土墙(裂纹贴图)+布招幌(麻布质感)+青石地砖(苔藓细节)+异域风情的骆驼(此处笔者专门增加了唐彩绘胡人牵骆驼俑)

[光影] 自然漫射光(阴天模拟,亮度0.6)+灯笼补光(半径2米,色温2700K)

[风格] 敦煌壁画褪色效果(饱和度-30)+动态模糊(快门速度1/15)

图4-13　即梦生成的唐代集市

[明清场景1]竹林群练：扎染练功服(棉麻纹理)+晨雾柔光(丁达尔射线角度35°)(见图4-14)

图4-14　即梦生成的竹林晨练场景

[坐式八段锦]环境：宋代禅房(低矮茶桌/卷轴展开/青烟香炉)(见图4-15)

人物：盘腿席地(松垮交领襦裙/手部结「理三焦」印)

[右侧立式八段锦]环境：演武场石台(兵器架投影/露水压弯竹枝)

人物：站立双手托天

[光影对比]左：纸灯柔光(照度200lux/衰减曲线平方反比)

　　　　　右：破晓顶光(Rayleigh散射模拟/阴影锐度0.6)

图 4-15　即梦生成的站式和坐式场景

请扫码观看 AIGC 生成视频

四、基于空间构图渲染氛围

分镜头是导演将剧本转化为具体视觉影像的重要环节,也是镜头语言和叙事结构具体化的关键工具。著名电影理论家戴维·博德维尔指出,分镜头不仅仅是拍摄前的可视化准备,它本身就是一种对电影叙事策略的视觉呈现。导演通过分镜头体现叙事节奏、镜头视角、视觉风格及情绪表达等创作意图。分镜头的设计原则包括叙事逻辑——镜头之间通过组接实现顺畅的叙事节奏;视觉表达——分镜头需明确体现镜头景别(远、中、近、特写)、角度(仰视、俯视、平视)与运动方式(推、拉、摇、移),以形成视觉的递进与空间感的强化等。

中央电视台纪录频道播出纪录片《丹青绘千年》,从中国画出发,将目光聚焦于充满烟火气的"市井生活"主题,采用还原历史场景等方式讲述历史故事、破译古代社会密码。下面的四个分镜全景展现市集的热闹,中景讲述市集中的茶馆、商铺和美食等,勾勒出宋代市井烟火气。创作者在进行文生图的创意时,可以借鉴这种分镜景别和内容叙事方式(见图 4-16)。

图 4-16　纪录片《丹青绘千年》分镜头截屏

根据八段锦匹配的"秋水寒山"风格图,远景与全景主要交代环境、建立情境,体现空间的广度;中景关注人物行动和关系,呈现叙事的主体;近景与特写则着重刻画人物内心与细节,强化情绪表达与情感冲击。按照这个逻辑,DeepSeek 可以帮你设计分镜头。

《秋水寒山图》,中景,中国古典青绿工笔山水画风格。石桌上放着一本娟质古籍,上写《神仙传》。周围呈现微风拂拂、天人合一的意境(见图 4-17)。

图 4-17　即梦生成的中景《秋水寒山图》

《秋水寒山图》,特写,中国古典青绿工笔山水画风格。缓缓流动的溪流,在岩石棱角处形成涡旋,带起微小的浪花(见图 4-18)。

图 4-18　即梦生成的特写《秋水寒山图》

《秋水寒山图》，远景，中国古典青绿工笔山水画风格。暮色苍茫，一位古人端坐竹林青石上，双手叠放丹田。烟雾缭绕，富有意境（见图 4-19）。

图 4-19　即梦生成的远景《秋水寒山图》

《秋水寒山图》，大全景，中国古典青绿工笔山水画风格。画面山腰开阔处，飞瀑直泻成潭，竹丛密布右侧，左侧留白。一位很小的古人，正面双手垂立，身形修长（见图 4-20）。

图 4-20　即梦生成的大全景《秋水寒山图》

图片生成后,在即梦中选择镜头运动轨迹以及让画面中白云、流水、树叶、微风动起来的指令,视频就完成了。

五、基于跨时空叙事构建文化共鸣

两千年前,长沙马王堆三号汉墓的帛画上,44 组彩绘人像以"熊经""鸟伸"之姿凝结成最早的导引图谱;两千年后,八段锦"双手托天""左右开弓"的动作中,仍可窥见汉代导引术"引体令柔"的血脉基因。二者一脉相承,共同诠释着"形气合一"的中医运动智慧(见图 4-21)。

图 4-21　马王堆汉墓出土的导引复原图

《健身气功·八段锦》的讲解者——北京体育大学武术学院教授刘晓蕾是健身气功·八段锦、十二段锦、八段锦竞赛套路课题组成员及动作示范者,出版多部权威专著。我们可以用 DeepSeek 做古今对话的创意,让当代体育养生专家刘晓蕾教授立于复原的导引图光影幕墙前,开启跨越时空的对话。

> 提示词:请你以当代体育养生专家刘晓蕾教授与马王堆出土的导引术中的人物隔空对话为创意,设计 5 句对话内容,有问有答,并给出对话设计的理由。

笔者选取马王堆三号汉墓导引图中演示"覆中"[①]动作的人像,通过即梦 AI 的图像修复模块智能补全了导引图谱的局部残缺,并重构了符合现代解剖学的直立导引姿态(见图 4-22、图 4-23)。

[①] 资料来源:《失传 2100 年的"导引图",揭秘长生不老之理,练明白的人还不到十个!》,https://www.163.com/dy/article/IBD5LURD0514BE1D.html。

图 4-22　马王堆汉墓导引图部分复原人像

图 4-23　即梦生成的马王堆汉墓导引图部分复原人像

在还原姿态图像的基础上,笔者调用即梦平台的数字人功能,以"导引术练习者"形象完成角色设定。该角色可实现同步配音与口型对齐,并结合古籍文献内容,由数字人"复述"导引术的动作要点和身心功效,使文物形象从静态图谱过渡为具备互动效果的叙事主体(见图4-24)。最后通过剪辑与后期合成技术,将主讲人刘晓蕾与数字人"导引者"置于同一画面,实现虚实融合的"古今对话",用新的媒介形式展现传统技艺,体现了 AIGC 在推动内容样态再升级、中华优秀传统文化创造性转化与创新性表达中的应用价值。

图4-24 即梦生成的马王堆汉墓导引图部分复原人像

第三节 生成自媒体短视频

短视频是当下信息传播的主流形式,内容创作者所面临的挑战是,如何在极短的时间内完成具有流量价值的内容。以 DeepSeek

为代表的生成式语言大模型,恰恰在这种"结构化叙事"中展现出独特优势。在明确目标与风格后,创作者可以通过提示词设定,引导模型完成全过程脚本创作。尤其短视频的"黄金三段式""五秒破题""高频知识点+低门槛表达"等叙事特征,几乎都可以借助 DeepSeek 快速生成。

在实操案例中,笔者以养生类短视频作为案例进行拆解。养生类是"健康中国"战略下短视频大健康赛道中崛起的细分赛道。QuestMobile 发布的《2024 年新媒体生态盘点报告》指出,健康养生类 KOL 集中上涨,品类达人推广占 75%。[①] 从新闻传播视角来看,养生视频属于"知识类—服务型"内容形态,兼具信息传递与行为引导双重功能,受众黏性高,需求场景明确,内容更新稳定。以带货为主的商业模式让该类节目具有一定的生命力和市场前景。

图 4-25　抖音自媒体账号"四季中式养生"

---

① 资料来源:《2024 年抖音滋补保健品类线上消费与行业洞察》,https://www.guoji.pro/Report/ReportDetail? marketingId=397&utm_source=chatgpt.com。

以"四季中式养生"抖音账号为例,目前(截止到 2025 年 4 月 3 日)该账号共发布 25 条视频,一个多月的时间涨粉超过 33 万,最高点赞超过 25 万。笔者将该内容进行详细拆解,也为后续迁移至泛知识类、生活服务类等更多内容垂类提供范式参照(见图 4-26)。

图 4-26　抖音自媒体养生账号"四季中式养生"之户外散步是大补

一、分析视频文本

任何具有传播力的内容,背后都有经过流量检验的表达范式。下面是该账号点赞超过 38 万的某条短视频的解说词:

户外散步也是大补,比吃人参、虫草好太多了。黄帝内经认为,广布于庭,以使志生。意思是春天应该多去户外散步,亲近自然,使人的精神得到滋养和生发。散步就是在汲取地气。所以我们一定要多出去走一走,去山间呼吸新鲜空气,去海边聆听海浪声音,去林间感受鸟语花香,去街道领略人间烟火,这便是人人都能做到的最简单的养生方法。

我们请 DeepSeek 总结解说词的结构组成元素:

请你扮演短视频导演分析"户外散步也是大补,比吃人参、虫草好太多了。黄帝内经认为,广布于庭,以使志生。意思是春天应该多去户外散步,亲近自然,使人的精神得到滋养和生发。散步就是在汲取地气。所以我们一定要多出去走一走,去山间呼吸新鲜空气,去海边聆听海浪声音,去林间感受鸟语花香,去街道领略人间烟火,这便是人人都能做到的最简单的养生方法"中的解说词结构,生成格式为表格,目的是便于创作者模仿学习。

以下是精简后的解说词结构分析表,保留核心要素与创作指引:

步骤	时间区间	要素拆解	原文示例	注意事项
颠覆性观点破题	0-5秒	- 非常规价值定义(如散步=大补) - 高认知度参照物对比(人参/虫草) - 情绪强化词	"户外散步也是大补,比吃人参、虫草好太多"	避免生造概念,需建立大众已有认知关联(如"补品→养生效果")
典籍背书+白话转化	5-15秒	- 典籍名称+原文摘引 - 时空场景限定(如春天/户外) - 现代化行为诠释	"广布于庭……精神滋养"	优先选择含具体动作指令的古文(如"步于庭"),翻译时补充主语(现代人)
场景矩阵营造	15-30秒	- 4-6个差异化场景(自然+人文) - 五感动词交替使用 - 虚实意象搭配(空气/烟火)	"去山间呼吸……人间烟火"	动词需覆盖至少3种感官(如呼吸—嗅觉、聆听—听觉),场景需有地域普适性

价值下沉收尾	30—40秒	- 人群普适性词汇（人人/每天） - 低门槛动作指令（走/站） - 价值闭环关键词	"这便是人人……最简单的养生方法"	避免学术化总结，用"烟火气/接地气"等生活化词汇收尾

创作自查清单

1. 开篇是否有制造认知冲突？
2. 典籍引用是否含具体动词？
3. 场景是否覆盖3种以上感官体验？
4. 收尾是否出现"人人/每天"等词？

此表去除了公式化表达，通过要素拆解与自查机制，更适配创作者即学即用的需求。

以下是笔者修改后的解说词结构分析表（见表4-3）：

表4-3　短视频《户外散步是大补》的解说词结构分析表

步骤	要素拆解	原文示例	注意事项
颠覆性观点破题	反常识价值关联（将普通行为关联高阶价值，如散步=大补）	户外散步也是大补，比吃人参、虫草好太多。	与大众已有认知关联，例如： 晒太阳 = 补阳 大笑三声 = 疏肝 赤脚走路 = 接地气排毒
	高认知度参照物对比（散步VS人参、虫草）		
引经据典+生活化解释	典籍名称+原文摘引	广布于庭，以使志生……滋养生发精神	现代人行为对应：散步就是接地气
	现代行为诠释		
情景引导	4—6个自然+人文差异化场景	山间、海边、林间、街道	场景需有地域普适性、用画面式语言延伸到可感知的生活细节，促进行动转化
	五感动词交替使用	呼吸空气、聆听海浪、感受花香、领略烟火	
价值主张收尾	人群普适性词汇（人人/每天）	这便是人人……最简单的养生方法	低门槛行动、温和劝导
	低门槛动作指令（走/站）		
	价值主张关键词		

上面这段解说词的语言风格融合了中医文化权威性与现代生活的亲切可感性，采用温和劝导的语气、排比递进的节奏、审美化的场景描绘，形成"有说服力而不压迫、有画面感而不复杂、有文化根而不高冷"的文案特征，是典型的"浅文化+轻知识"型短视频写作范式。

二、提炼语言风格

结构决定内容逻辑，风格决定内容气质。结构是内容"说了什么"，风格是"怎么说"的，涉及语气选择与表达态度。

为了进一步提升短视频的情绪感染力，笔者将语言风格拆解为五个维度：语体类型、语气情绪、修辞手法、结构节奏与价值主张。

表 4-4　影响视频语言风格的五大维度

维度	你要分析的是什么？	提示词写法示例
语体类型	口语？书面语？专业还是通俗？	用亲切口语化风格写一段科普文案
语气情绪	温和的？质疑的？劝导的？调侃的？	用温和劝导的语气，解释节气养生的原因
修辞手法	比喻？排比？引用？反问？	用三组以上的排比句，描述与主题相关的日常场景或行为方式，句式保持并列节奏，增强语言流动性与画面感
结构节奏	短句快节奏？还是舒缓长句？有无转折或递进？	用短句+排比结构，增强节奏感，适配短视频口播
价值主张	内容隐含了什么立场？主张健康？情绪稳定？	强调生活中可持续的养生方式，体现"人人可做"的理念

> 提示词:
> 请你扮演视频导演,请以"饮食清淡比任何药物都重要"为中心观点,进行内容生成:
> (1) 核心观点参考《素问》,并与现代生活结合;
> (2) 结构为:提出观点—引用经典—解释引文—延伸生活场景;
> (3) 用第一人称或第三人称皆可,温和劝导的语气,控制在150字以内;
> (4) 结尾传达一种贴近生活、无需刻意就能践行的价值主张,让观众轻松产生共鸣与行动意愿。

【清淡至味即是药】
《素问》警言"膏粱之变,足生大丁",脾胃如土,五谷方是养命根基。晨间糙米粥雾气氤氲唤醒脾胃,恰合"五谷为养"之道;午时清炒时蔬翠色翻动疏肝理气,暗藏"五菜为充"之机;暮色蒸鱼缀姜丝微辛温通经络,正是"气味合而服之"的鲜活注解。

灶台上砂锅轻沸银耳羹,玻璃罐渍着酸脆黄瓜,白瓷碗盛满三色杂粮——少一匙油盐酱醋,多两分蒸煮原香,养生本就在揭盖盛饭的寻常烟火里。

(全文148字,典籍引用与厨房场景深度咬合,"雾气氤氲/翠色翻动"动态呈现养生机理,结尾以"揭盖盛饭"动作收束,传递"养生即食之本味"的轻实践理念)

对于短视频创作者来说,结构容易复制。语言风格应根据平台定位与受众画像灵活选用。本书提供的语言风格分析模型,可作为提示词控制或文案微调的参考。但在创作初期,建议用户优先掌握"结构迁移"的能力。

三、迁移与扩展

在 AIGC 深度参与内容生产的时代,"迁移能力"不仅是对 DeepSeek 工具的高阶使用,更是内容创作者的核心竞争力。按照上述分析,可将养生短视频的"观点+权威+场景+引导"模式迁移到传统文化、心理科普、节气文化或教育宣传等知识类短视频中。

1.传统文化类

主题：立冬节气如何进补？

①冬天进补不当，易补出内火。

②《黄帝内经》云："冬三月，养藏为要。"

③意思是，冬季要收敛阳气，少扰动，多温养。

④所以要多吃温润之物，如山药、红枣、羊肉汤，不宜大补、乱补、猛补。身体不燥，就是进补成功的第一步。

2.心理陪伴类

主题：情绪稳定，是成年人的顶级修养

①比起情绪外放，情绪稳定人才更有力量。

②心理学研究指出，情绪调节能力直接关联幸福感。

③成年人的情绪，不该随风起舞，而要像山一样沉稳。

④遇事先缓五秒，听人说完话，给自己留一个深呼吸的空间，这，就是成长的样子。

3.财商认知类

主题：会花钱的人，比会赚钱的人更高级

①钱不是省出来的，而是配置出来的。

②理财学上有个基本法则：先储蓄，再消费。

③把钱用在能提升生活质量的地方，比盲目压缩支出更重要。

④给自己买一束花、买一本好书、留出应急金，这才是"花钱有道"的成熟姿态。

4.青少年教育类

主题：控制屏幕时间，就是保护大脑发育

①沉迷短视频，比你想象得更可怕。

②儿童行为研究显示，电子屏过度刺激会影响注意力发育。

③别让孩子的想象力被持续的喧嚣切割。

④每天关掉屏幕半小时，一起散步、画画、讲故事，大脑需要空间，成长需要留白。

练习:请以"早起的三个好处"为主题,按照以下提示进行内容创作训练:
提出一个观点句,引发关注;
选择一个权威来源(古籍/研究/数据)做支撑(跟养生有关的古籍还包括《难经》《神农本草经》《伤寒杂病论》《易经》《千金要方》《金匮要略》《本草纲目》等);
用白话语言进行解释,贴近生活场景;
设计一组生活建议,用排比句收尾;
全篇语气为温和劝导,结尾给出易执行、人人可得的价值主张。

四、视频生成

第一步:参照分镜头设计方法,请 DeepSeek 生成绘图提示词。

> 请根据"第1个文案——晨间唤醒篇"的内容,帮我设计7个分镜头的绘画提示词。要求画面风格为水墨画风格,画面中有一老一少两个人物,背景是江南农家小院角落。

以下是7个水墨画风格的分镜头绘画提示词,严格遵循您的要求:

1. **晨起伸腰**(对应"最温和的是伸个懒腰")
- 风格:淡墨晕染与留白技法
- 人物:白发奶奶在竹帘前双臂舒展,约5岁孙女模仿姿势踮脚伸腰
- 背景:晨雾中的小院角落,露出半扇雕花木窗和竹帘,窗台青苔点点
- 细节:奶奶粗布衣襟自然垂落,孙女红头绳随动作轻扬

2. **温水慢饮**(对应"最养人的是温水慢饮")
- 风格:湿笔淡彩
- 人物:奶奶手持粗陶壶倾倒温水,孙女双手捧荷叶边瓷碗承接
- 背景:角落石井台,井绳缠绕辘轳,地面湿润反光
- 细节:水面热气氤氲用淡墨渲染,碗中倒影隐约可见

......

第二步:打开生图软件生成图片。

国内主流生图软件包括即梦、可灵,前者画风多样、适合表达情绪氛围,后者操作简便、易于生成人物与生活场景,两者均适合制作温暖治愈风格的插图。国外生图软件中,Midjourney 擅长艺术化表达,适用于情绪渲染类封面,DALL·E 3 则在语义理解与场景构造方

面更精准。用户可根据题材风格与传播平台选择相应工具,实现内容与视觉的高度契合。这部分内容笔者以即梦为例进行讲解。

①静态图片生成

进入即梦网首页,点击"AI 作图"中的"图片生成",在文字框中输入 DeepSeek 生成的绘画提示词,选择默认生成模型和精细度以及图片比例即可(见图 4-27)。

图 4-27　即梦文生图片过程演示图

AI 会生成 4 张图片,用户选择一张满意的即可,再点击"超清"功能或者"补帧",提升画质。

②视频生成

点击"视频生成",上传选好的静态图片,并在对话框中添加动作描述,视频模型默认即可,时长通常选择默认的 5 秒(见图 4-28)。

图生视频的实操并不难,创意则在于图生视频时的动作描述。这部分可

图 4-28　即梦图生视频过程演示图

以借助豆包等可以读图的 AI 软件,根据图片内容协助生成。

③封面制作

根据生图的尺寸设计一张封面底版。示例是一张 3∶4 的淡黄色封面,最上方填标题,下面是账号名称,如"1 分钟养生小课堂",封面的主体为视频主题图。我们可使用 PS、可画、美图秀秀等绘图软件制作,这里以可画为例(见图 4-29、表 4-4)。

图 4-29　视频海报文字信息示意图

表 4-4 视频海报制作流程

序号	操作方式	示例
1	打开可画首页,新建方案,设置比例 3：4,选择淡黄色背景	
2	设计文字 标题直接新建,调整字体和大小 账号名称选用可画免费模板即可	
3	制作主题图 嵌入单次视频的第一张图	

④剪辑成片

当封面和分镜视频都生成后,进入剪映剪辑成片(见表4-5)。

请扫码观看中医养生短视频

表4-5 视频制作流程

导入已有素材	
添加文案并配音。在剪映里面添加文本框,把选用的文案复制进来,用剪映的朗读功能,选择"沉稳解说"	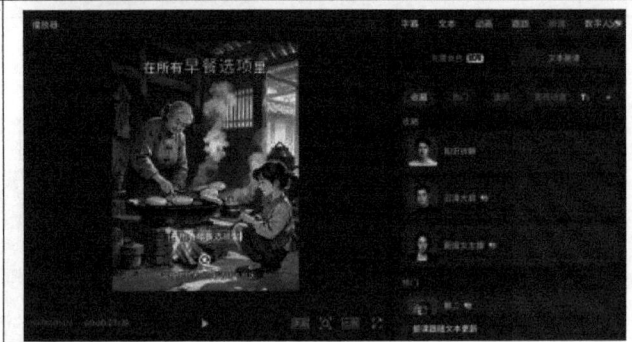

续表

添加背景音乐选择剪映里自带的音乐,在搜索框处搜索养生音乐;如使用自己喜欢的成片音乐,剪映的人声分离功能可实现该功能	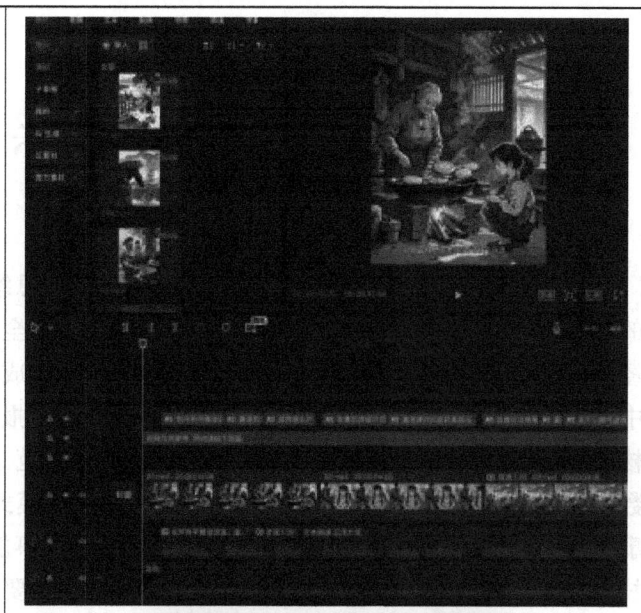
根据配音,剪辑对齐视频的长度以及设置好转场特效	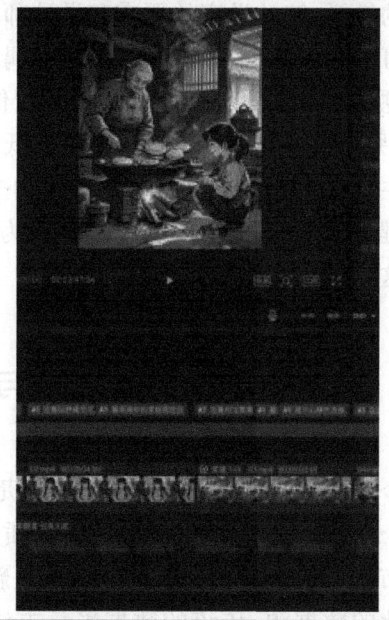

第五章 用 DeepSeek 进行数据采集、分析与展示

人文社会科学领域多年来闪耀的一直是人的思维火花,体现的是人的洞察力。然而在信息爆炸的数字时代,完全依靠人力已经很难捕捉到浩如烟海的数据中的闪光点,数据已成为现代叙事中不可或缺的原材料。以新闻传播为例,传统新闻报道以文字为核心,辅以有限的图表;而数据新闻则颠覆了这一范式,将结构化数据置于叙事中心,通过可视化手段揭示隐藏的模式、趋势和故事。对我们而言,掌握数据采集、分析及可视化叙事能力,不仅是技术能力的拓展,更是一种全新的思维方式——它要求我们同时具备记者的敏锐、统计学家的严谨和设计师的美感。

数据可视化在新闻领域的崛起并非偶然。一方面,公众对复杂社会议题如气候变化、经济不平等、疫情传播等的深度理解需求日益增长;另一方面,开源工具的普及降低了技术门槛,这使得记者能够自主完成从数据采集到视觉呈现的全流程。这种变革催生了一个关键命题:如何将冰冷的数据转化为有温度、有影响力的自然话语?这正是数据叙事的核心挑战。

第一节 数据收集与整理

在当今数字化时代,数据已成为最宝贵的资源之一。企业、研究机构和个人都需要从各种来源获取高质量数据以支持决策、产品开发和市场分析。然而,面对社交媒体、新闻网站和用户行为数据等多样化的数据源,传统的数据采集方法面临着诸多挑战。这

第五章 用 DeepSeek 进行数据采集、分析与展示

固然有激增的数据自身所带来的问题,如数据量庞大,格式多样化,实时性要求高,数据质量参差不齐等,更重要的一点是,在这样的挑战面前,内容生产者尤其是人文背景的生产者,已经很难再以较为便利低廉的方式获取可以轻松上手的面向终端用户的实用工具,既有体系对我们的计算机操作能力尤其是计算机语言代码能力的要求越来越高,这意味着较高的入门门槛和陡峭的学习曲线。DeepSeek-V3 模型在代码撰写方面的突出能力,无疑可以为我们跨越这道门槛提供帮助。

DeepSeek 本身并不提供数据采集或处理方面的 SDK(Software Development Kit,软件开发工具包),但 DeepSeek 同时具有预测式和推理式两种 LLM 工作方式,这使得它既可以在小样本数据中直接对用户需求做出回答,又可以在用户发出请求时为用户提供如何经由第三方工具实现目的的指南,包括但不限于常见的编程语言的代码生成及整修。本小节将介绍如何利用 DeepSeek 从网站、社交网络和用户行为数据等主要来源采集数据,以及如何对这些数据进行初步处理。

在过去数十年间,Python(一种计算机编程语言)凭借工具链完善、开发高效、生态强大三大核心优势,成为数据抓取的首选语言,它尤其适合快速响应需求变化的场景。针对各种方向的应用,Python 社区积累了丰富的工具库生态,但对于非计算机背景的使用者来说,即便有着庞大的开发者社区和学习资源作为支持,从零开始学习 Python 编程语言依然需要投入精力和时间,或者寄希望于专业团队。在资源有限的情境里,代码撰写能力突出和使用自然语言交互的 DeepSeek 则成了一个不知疲倦的全时辅助,利用得当的话,我们可以实现以用自然语言和 DeepSeek 的对话流完成传统编程语言撰写的代码集,从而达到我们预先设定的目的。

一、撰写数据采集脚本

数据采集脚本属于广义上的爬虫的一种,即由开发者针对数据来源目标网站撰写的利用如 Python 等编程语言,调用对应的包

及接口,模仿人的访问行为,在一定的规则下完成对目标数据工作的代码集。从原理上说,完成这一工作需要开发者有较为完整的计算机、网络和数据库方面的基础知识,以及对目标数据特征的清晰把握,传统模式下开发者需要接受这些方面的预先训练。而DeepSeek的介入,允许我们以自然语言描述自己的需求,再将DeepSeek的反馈结果输入开发环境,让DeepSeek代替我们完成整个工作中最为复杂的环节。

整个工作流程可以从搭建基础工作环境开始。传统意义上,我们需要借助开发手册、教科书及搜索引擎等先去学习如何从零开始部署各种软件,但有了DeepSeek,我们可以直接提出问题,比如"利用Python完成数据抓取的准备工作有哪些?"但自然语言的多义性导致了这一问题在DeepSeek-V3和R1中都不能直接命中我们想要的结果,事实上,如果你尝试对DeepSeek提出这一问题,你并不会得到预想中的实操指南,而是一篇包括学习网络和数据基础知识在内的宏观教科书文本,这点可以从图5-1 R1反馈的思考路径中看出。

> 如果我想利用python完成数据抓取工作,需要做怎样的准备工作?

 ⊗ 已深度思考(用时16秒) ∧

嗯,用户想用Python做数据抓取,需要哪些准备工作呢?首先,我得回想一下自己以前做爬虫的时候是怎么开始的。可能得先确定目标,对吧?比如要抓哪个网站,数据是什么样的结构。然后可能需要看看网站的robots.txt,有没有禁止爬虫的协议。接下来,技术方面的话,Python有几个常用的库,比如requests和BeautifulSoup,或者Scrapy框架。不过用户可能不太清楚这些库的区别,需要解释一下。

图5-1 DeepSeek-R1在面对模糊提问时的思考路径

如果想要获得最直接的操作步骤列表,不如直接问DeepSeek:"请你一步步告诉我搭建Python工作环境的基础步骤。"这样问的重点在于将一个大的问题拆解为小的细节。当然,我们也可以首先从大的方面问出第一步，然后针对 DeepSeek 的回复中我们看不懂的部分一步步去追加提问。限于篇幅，本书不在此处过度展开，读者可以在实践中举一反三，根据 DeepSeek 的回应调整自己的提问（见图 5-2）。

以下是搭建 Python 工作环境的基础步骤，分为不同操作系统（Windows/macOS/Linux），请根据你的系统选择对应步骤：

一、安装 Python

Windows 系统

1. **下载 Python**

   访问官网 https://www.python.org/downloads/ → 点击下载最新的稳定版（如 Python 3.12.x）。

2. **安装 Python**
   - 双击下载的 `.exe` 文件。
   - 勾选 **Add Python to PATH**（关键步骤，确保命令行能直接调用 Python）。
   - 点击 **Install Now** 完成安装。

图 5-2 当被问到如何搭建 Python 工作环境时，DeepSeek 给出的具体操作步骤

当用户在 DeepSeek 的指导下安装配置好 Python 环境后（见图 5-3），我们就可以提出下一步的问题："请你告诉我，为完成数据抓取需要安装的 Python 包。"无论是否开启深度思考模式，DeepSeek

四、安装常用工具和库

1. **使用 pip 管理包**
   - 安装库（例如 `requests`）：

   ```bash
   pip install requests
   ```

   - 升级 pip：

   ```bash
   pip install --upgrade pip
   ```

图 5-3 DeepSeek 给出的在 Python 环境中安装常用工具和库的指南

都会给出为完成数据抓取需要安装的 Python 包的介绍,根据目标场景(静态网页、动态渲染、API 交互等)的不同给出分类推荐,并附上具体的代码语句(见图 5-4):

1. 基础 HTTP 请求库

用于发送网络请求和获取网页内容:

- `requests`

  简单易用的 HTTP 库,适合静态网页和 API 调用。

2. 网页解析工具

从 HTML/XML 中提取数据:

- `BeautifulSoup4` + `lxml`

  经典的 HTML/XML 解析库,适合静态页面。

3. 动态页面抓取

处理 JavaScript 渲染的页面(如 SPA 网站):

- `selenium`

  自动化浏览器操作,支持 Chrome/Firefox。

  ○ 需额外下载浏览器驱动(如 ChromeDriver)。

图 5-4　DeepSeek 就如何完成数据抓取给出的分场景回答(部分)

(一)静态 HTML 页面数据爬取实践

接下来我们就可以根据具体需求提出下一个问题了,比如想要爬取豆瓣电影 Top 250 的电影信息,我们可以先访问对应的网址 https://movie.douban.com/top250,我们可以发现,这一网址的信息是每 10 部电影一翻页的,所以我们需要明确提出要翻页爬完整个列表的需求(见图 5-5):

> 请你用python撰写一段抓取豆瓣电影top250里电影信息的代码,目标网址是 https://movie.douban.com/top250,要翻页爬完整个列表

图 5-5 就抓取豆瓣电影 Top250 列表对 DeepSeek 的提问

由于这是一个静态页面,代码难度并不是很高,但对于完全没有经验的用户来说,还是需要投入一定的精力学习才能做出第一步的,但 DeepSeek-V3 可以在分秒内给出完整方案:

豆瓣电影Top250爬虫代码

下面是一个完整的Python脚本,用于抓取豆瓣电影Top250的所有电影信息,包括处理翻页功能。这个脚本使用了 `requests` 发送HTTP请求,`BeautifulSoup` 解析HTML内容,并将结果保存为CSV文件。

```python
import requests
from bs4 import import BeautifulSoup
import csv
import time
import random
from fake_useragent import UserAgent

# 发起请求的headers
headers = {
    'User-Agent': UserAgent().random,
    'Referer': 'https://movie.douban.com/',
    'Host': 'movie.douban.com',
}

# 初始化CSV文件
def init_csv():
    with open('douban_top250.csv', 'w', encoding='utf-8-sig', newline='') as f:
        writer = csv.writer(f)
        writer.writerow(['排名', '电影名称', '导演/主演', '上映年份', '国家/地区', '类型', '评分', '评价人数', '简介'])
```

图 5-6 DeepSeek 给出的抓取豆瓣电影 Top250 的爬虫代码(部分)

图 5-6 中的代码仅体现了一部分,完整代码可以在对话框的右上角复制。在代码窗口下面,DeepSeek 会进一步给出代码说明,包括功能特点、依赖库和注意事项等,其还可以在用户提出明确请求之前设想到数据存储问题,主动撰写代码将爬取到的资料结果保存为 CSV 文件(见图 5-7)。

4. 输出示例:

生成的CSV文件将包含如下字段:

```
排名,电影名称,导演/主演,上映年份,国家/地区,类型,评分,评价人数,简介
1,肖申克的救赎,导演: 弗兰克·德拉邦特 Frank Darabont 主演: 蒂姆·罗宾斯 Tim Robbins /...,1994,美国,犯罪 剧情,9.7,2868035,希望让人自由。
```

图 5-7 DeepSeek 给出的爬取豆瓣电影 Top250 的部分输出示例

从输出示例中我们可以看到,这一代码能有效地爬取到豆瓣电影 Top250 的每一部电影的具体信息,实现我们的预期目标。

(二)动态社交网络数据爬取实践

除了传统网站的 HTML 静态页面数据,当前社交媒体上还有更多的数据,这些数据存在于数据库中,仅当用户访问时输出到即时生成的动态页面上以供终端用户查看,它们会随着时间和访问时用户提交请求的不同而变动。针对这部分数据的爬取代码存在一定差异,在实践中也会遇到更多需要对应修正的地方。

以微博为例,我们可能并不知道诸如动态生成和反爬虫机制等的存在,但 DeepSeek 可以"贴心"地为我们考虑到这些,并在答案中给出参考和提醒。我们可以这样问 DeepSeek,"请你写一个在微博上以关键词'DeepSeek'进行搜索的 Python 爬虫脚本",然后我们得到的结果如图 5-8 所示:

微博关键词"DeepSeek"搜索爬虫

下面是一个Python脚本,用于抓取微博上关于"DeepSeek"的搜索结果。由于微博有严格的防爬机制,这个脚本使用了 `requests` 和 `BeautifulSoup`,并添加了随机延迟和User-Agent来降低被封风险。

```python
import requests
from bs4 import BeautifulSoup
import csv
import time
import random
from fake_useragent import UserAgent
from urllib.parse import quote

# 配置项
headers = {
    'User-Agent': UserAgent().random,
    'Referer': 'https://s.weibo.com/',
    'Host': 's.weibo.com',
    'Cookie': '',  # 此处需要填入登录后的cookie
}

# 初始化CSV文件并写入表头
def init_csv():
    with open('weibo_deepseek.csv', 'w', encoding='utf-8-sig', newline='') as f:
        writer = csv.writer(f)
        writer.writerow(['用户名', '用户主页', '发布时间', '微博内容', '转发数', '评论数', '点赞数', '微博链接'])

# 写入爬取的数据
def write_to_csv(weibo_data):
    with open('weibo_deepseek.csv', 'a', encoding='utf-8-sig', newline='') as f:
        writer = csv.writer(f)
        writer.writerow(weibo_data)
```

图 5-8 DeepSeek 就如何爬取关键词"DeepSeek"在微博中搜索到的内容给出的爬虫代码(部分)

可以看到,DeepSeek 自动调用了 requests、beautifulsoup、csv 等一系列的工具包,并考虑到将爬取结果输出到 CSV 文件。这段代码可以完成爬取微博搜索"DeepSeek"结果的任务,并将爬取数据按用户名、用户主页、发布时间、微博内容、互动数据和链接等字段保存为"weibo_deepseek.csv"文件,代码还支持多页爬取和自动过滤广告内容。DeepSeek 在答案后续部分还给出了依赖库的命令以及遇到反爬虫机制后的解决方案,并给出了输出的样式示例,几乎可以媲美一个成熟的程序员(见图 5-9)。

```
用户名,用户主页,发布时间,微博内容,转发数,评论数,点赞数,微博链接
DeepSeek官方,https://weibo.com/deepseek,今天10:20,DeepSeek发布新模型...,123,45,678,http
s://weibo.com/123456
科技博主,https://weibo.com/tech,今天09:15,体验了DeepSeek的新功能...,56,23,189,https://weib
o.com/789012
```

图 5-9 DeepSeek 所写爬虫代码在微博爬取关键词"DeepSeek"搜索结果后输出的结果示例

(三)实践中的注意事项

值得注意的是,DeepSeek 在基础代码编写方面的能力在 LLM Benchmark 上是处于前列的,但现实环境的多变和用户实际需求的不同使得其在实际应用中遇到 bug 的可能性依然存在。

为了尽可能降低 bug 发生的可能性,或在遇到 bug 时有效地 debug,我们在利用 DeepSeek 辅助完成数据爬取脚本撰写时,要注意根据不同环境和目标选用合适的 Prompt(提示词);在遇到 bug 时,要注意页面抛出的错误信息,可以将此错误信息反馈给 DeepSeek,让其结合上下文给出修改意见;当页面存在特殊结构时,我们可以在提问中加入有关这些结构的源代码内容,让 DeepSeek"对症下药",对结果进行修正优化。我们还可以对同一个问题切换 V3 和 R1 模型进行对比尝试,选择执行效果最好的结果。

就数据抓取而言,我们的提问还可以参考下列的几条 Prompt 示例:

✓ 静态网页抓取 Prompt 示例:
- "我需要从统计局官网抓取 2023 年各省经济数据,网页结构特点是表格在<div class = ´data-table´>标签内。请写一个 Python 爬虫脚本,要求处理可能存在的反爬机制,并保存为 CSV 文件。"

✓ 动态加载数据 Prompt 示例:
- "目标新闻网站通过 XHR 动态加载评论数据,请使用 Selenium 配合 ChromeDriver 设计滚动加载和点击'更多'按钮的自动化采集方案,要求设置合理的等待时间。"

✓ API 对接 Prompt 示例：
■"需要获取 Twitter 某话题的实时数据,请解析其 API 文档（附文档链接）,编写带 OAuth 认证的请求代码,处理分页和速率限制。"

可以看出,在 Prompt 中给出的指令越清晰,DeepSeek 工作的目标越明确,工作效率越高。我们还可以明确指定所需要的包和语言等,以更好地完成任务。

二、对数据进行预处理

在获取原始数据和进行数据可视化及故事讲述之间,还存在重要的一环：数据清洗与预处理。数据清洗与预处理是将原始数据转化为可用数据,它的核心价值在于确保数据的准确性、一致性和完整性,使后续分析和可视化的结果更可靠。

一般来说,利用脚本抓取的数据,往往在量上占优,而在质上出现各种瑕疵,这与人工统计获取的数据正好相反。此外,在涉及自然人的信息时,爬取的数据如果直接使用的话,有可能会泄露隐私。另外,针对自然语言处理,原始文本往往存在大量非结构化数据。对这些情况进行有针对性地清洗和预处理,有利于增强数据可靠性、提高数据匿名性、提高自然语言处理效率。本小节将以实例讲解如何利用 DeepSeek 对采集的数据进行清洗、标准化、结构化与脱敏等预处理。

（一）数据清洗与标准化

数据清洗与标准化是最常见的数据预处理步骤。数据清洗主要解决的是原始数据可能包含的录入错误、异常值或格式问题,可能存在的重复记录或无关信息问题,以及采集时可能遇到的缺失值问题；标准化针对的则是不同来源的数据可能有不同单位、编码或结构的问题。在清洗过程中,错误会被检测修正,缺失会被合理填补,重复和噪声则会被去除,不同单位和不同编码的数据也会得到标准化处理,使其适合计算或比较。这些工作本来需要我们预先学习一定的统计学和研究方法知识，以及掌握对应的辅助工具，但如今在 DeepSeek 的帮助下，我们可以以自然语言的方式向其提出请求，并在它的指导下以更高的效率解决问题。

我们可以将原始数据上传给 DeepSeek，再用自然语言向其提出要求，即可获得相应的操作指南；对于极少量的数据来说，我们甚至可以直接在对话中让 DeepSeek 完成预处理工作。下面我们将模拟一个利用 DeepSeek 完成数据清洗、去噪与标准化的过程（见图 5-10）：

```
复制
id,username,post_time,content,likes,location,verified
1,user_张三,2023-02-15 14:30,"Hello world! #greeting",150,"Beijing, China",TRUE
2,user李四,2023/03/10,"优惠促销！限时5折！",300,"上海",FALSE
3,user-王五,2023-04-22 08:15:00,"Check out this link: http://example.com",50,"New York","t
rue"
4,USER_Jane,2023-05-01,"RT @someone: 转发内容",1200,"London, UK",False
5,bot_account,2023-06-18,"spam spam spam",5,,TRUE
6,正常用户,2023-07-11,"这是一条正常内容",80,"北京市",TRUE
```

图 5-10 DeepSeek 给出的原始数据示例（raw_data.csv）

我们向 DeepSeek 提出“请利用 Python 对这段数据进行清洗、去噪和标准化”的请求，DeepSeek 反馈了一段完整的 Python 代码（见图 5-11）：

```python
python                                                          复制
import pandas as pd
import numpy as np
import re
from datetime import datetime
import emoji

def preprocess_data(input_file, output_file):
    # [illegible]
    df = pd.read_csv(input_file)
    print("[illegible]")
    print(df.head())
    print("\n[illegible]")
    print(df.info())

    # [illegible]
    print("\n=== [illegible] ===")

    # [illegible]
    print("\n[illegible]...")
    df['location'].fillna('未知', inplace=True)

    # [illegible]
    print("\n[illegible]...")
    df['verified'] = df['verified'].astype(str).str.lower().map({
        'true': True, 'false': False, '1': True, '0': False
    }).fillna(False)

    # [illegible]
    print("\n[illegible]...")
    df['username'] = df['username'].str.lower()
    df['username'] = df['username'].str.replace(r'[^a-z0-9_\u4e00-\u9fa5]', '', regex=Tru
e)  # [illegible]
```

图 5-11 DeepSeek 给出的数据清洗的 Python 代码（部分）

代码很长,上图仅展示一部分,DeepSeek 在代码中体现的主要思想即引入有关包,对原始数据进行清洗、标准化工作,并识别和去除特殊标点、URL、Emoji 以及其他异常值。预处理后的数据被保存至 cleaned_data.csv 文件中,内容如图 5-12 所示:

```
复制
id,username,post_time,content,likes,location,verified,likes_normalized,post_year,post_month,post_day,post_hour,post_weekday,location_encoded
1,user_张三,2023-02-15 14:30:00,Hello world greeting,150,北京市,True,-0.234,2023,2,15,14,2,0
6,正常用户,2023-07-11 00:00:00,这是一条正常内容,80,北京市,True,-0.789,2023,7,11,0,1,0
4,user_jane,2023-05-01 00:00:00,RT someone 转发内容,1200,London Uk,False,1.456,2023,5,1,0,0,1
```

图 5-12 DeepSeek 给出的数据清洗代码运行结果模拟

对比原始数据我们可以发现,这段代码很好地完成了下列工作:

◆ 数据清洗:
  ● 处理缺失值:填充或删除
  ● 标准化布尔列:统一 True/False 格式
  ● 清洗用户名:统一大小写,移除特殊字符
  ● 标准化时间格式:处理多种日期格式
  ● 清洗文本内容:移除 URL、特殊符号、标准化空格
  ● 标准化地点信息:统一地点名称
  ● 处理异常值:删除异常点赞数和重复内容
◆ 数据标准化:
  ● 数值标准化:对点赞数进行 z-score 标准化
  ● 特征工程:从时间中提取年、月、日等特征
  ● 分类变量编码:将地点转换为数字编码

(二)数据结构化处理

数据结构化处理主要应对自然信息里包含的非结构化数据,

如自然文本、图像等,这部分信息无法直接被量化处理,却隐藏了大量信息,具有很强的分析潜力。在传统方式中,我们可以借助 OCR 和 NLP 等领域里的专有工具,对这些数据进行预处理,之后再导入量化工具进行分析;现在这些步骤都可以用自然语言交由 DeepSeek 完成。图 5-13 为我们展示一个利用 DeepSeek 完成数据结构化处理的过程:

图 5-13 原始数据示例(raw_reviews.json)

针对示例中的原始数据，DeepSeek 应我们的请求给出了数据结构化处理的 Python 代码（见图 5-14）。

```python
import pandas as pd
import json
from datetime import datetime
import re
from typing import Dict, Any
import numpy as np

def structure_data(input_file: str, output_file: str) -> pd.DataFrame:
    # 1. 加载原始数据
    print("1. 加载原始数据...")
    with open(input_file, 'r', encoding='utf-8') as f:
        raw_data = json.load(f)

    # 2. 初始化结构化数据
    structured_records = []

    # 3. 逐条处理原始数据
    print("\n2. 开始数据结构化处理...")
    for record in raw_data:
        try:
            # 3.1 基本字段提取
            structured_record = {
                "review_id": record.get("review_id", ""),
                "user_id": record.get("user", "").lower().strip(),
                "raw_text": record.get("text", ""),
                "product_id": record["product"]["id"] if "product" in record else "",
                "product_name": record["product"]["name"] if "product" in record else "",
                "product_category": record["product"].get("category", "").split("/") if "product" in record else []
            }

            # 3.2 时间戳处理
            timestamp = record.get("timestamp", "")
            for fmt in ("%Y-%m-%dT%H:%M:%SZ", "%B %d, %Y", "%Y-%m-%d"):
                try:
                    structured_record["timestamp"] = datetime.strptime(timestamp, fmt)
                    break
                except (ValueError, TypeError):
                    continue
            else:
                structured_record["timestamp"] = pd.NaT
```

图 5-14　DeepSeek 给出的数据结构化处理 Python 代码（部分）

与上一小节相似，由于代码全文太长，图中只展示了部分。整个代码根据原始数据特征，完成了下列工作：

◆ 字段标准化处理：

- 基础字段：直接提取并简单清洗
- 时间字段：处理多种日期格式统一为 datetime 对象
- 评分字段：将不同评分格式（星级、分数）统一为 1—5 整数

◆ 文本信息结构化：
- 关键词提取：从评论文本中识别特定特征（电池、相机等）
- 情感分析：基于关键词计数计算简单情感分数
- 长度计算：记录评论字符长度作为特征

◆ 嵌套结构展开：
- 展开 metadata 中的子字段
- 处理产品分类层级结构

◆ 衍生特征创建：
- 从时间戳提取日期
- 将布尔值转换为数值
- 拆分多级分类

输出结果如图 5-15 所示：

```
review_id,user_id,raw_text,product_id,product_name,timestamp,rating,sentiment_score,helpful_vote
s,purchase_verified,battery,camera,shipping,defect,product_category,category_level1,category_lev
el2,review_length,is_verified,date
R001,user123,这款手机太棒了！电池续航长达2天，相机质量也很出色。5星推荐！,P100,旗舰智能手机,2023-05-15 14:3
0:22,5,3,24,True,True,True,False,False,"['电子产品', '手机']",电子产品,手机,37,1,2023-05-15
R002,shopper456,物流慢，等了1周才到货。产品还行但包装破损,P200,无线耳机,2023-05-20 00:00:00,3,-1,0,Fals
e,False,False,True,True,"['电子产品', '音频']",电子产品,音频,24,0,2023-05-20
R003,tech_lover,不推荐购买。使用三天后就出现故障,P100,旗舰智能手机,2023-06-01 00:00:00,1,-2,5,False,Fal
se,False,False,True,"['未分类']",未分类,,14,0,2023-06-01
```

图5-15 DeepSeek 给出的结构化处理代码运行后得到的数据（structured_reviews.csv）

这一文件在 Excel 中展现的表格形态如图 5-16 所示：

第五章 用 DeepSeek 进行数据采集、分析与展示

图 5-16 结构化处理后数据的表格形态

从图中可以看出,这段代码很好地实现了将原始的半结构化数据变得易于分析的目的,现在的数据可以支持包括产品特征分析(哪些特征被频繁提及)、用户情感趋势分析、评分与文本内容的关系分析和基于多维度(产品类别、时间等)的聚合分析等目的。

(三)数据脱敏处理

数据脱敏的目的是保护隐私和安全。原始数据可能包含个人身份信息(如姓名、身份证号)、商业机密或敏感内容。如果直接使用或泄露这些数据,会导致隐私侵犯、法律风险或安全威胁。脱敏通过技术手段(如加密、替换、模糊化)隐藏或替换敏感部分,使数据仍可用于分析或共享,但无法追溯到具体个人或实体,如将真实姓名替换为随机编号,或隐藏手机号中间几位。这样做既能满足数据利用需求,又能符合隐私法规,降低数据滥用风险。

以下我们将提供一个利用 DeepSeek 完成数据脱敏处理的示例,原始数据存储于一个名为 raw_customer_data.csv 的文件中,内容如图 5-17 所示:

	A	B	C	D	E	F	G	H	I	J
1	customer_id	name	email	phone	credit_card	ip_address	birth_date	address	order_amount	order_date
2	1001	张三	zhangsan@example.com	13812345678	5.10511E+15	192.168.1.100	1985/5/15	北京市海淀区中关村大街1号	1250.5	2023/3/10
3	1002	李四	lisi@company.com	15987654321	4.11111E+15	203.119.29.13	1990/12/25	上海市浦东新区张江高科技园区	899	2023/3/11
4	1003	王五	wangwu@gmail.com	18600001111	3.78282E+14	106.120.158.45	1978/8/8	广州市天河区珠江新城	2450.75	2023/3/12

图 5-17 数据脱敏处理样本

可以看到,这些内容涉及具体的人名、地址和身份证号码、电话号码等隐私信息,如果这些信息泄露给了第三方,则会有严重的隐患。DeepSeek 在我们向其提出"请给出对这个文件中的数据进行脱敏处理的 Python 解决方案"的请求后,即给出对应的指引。

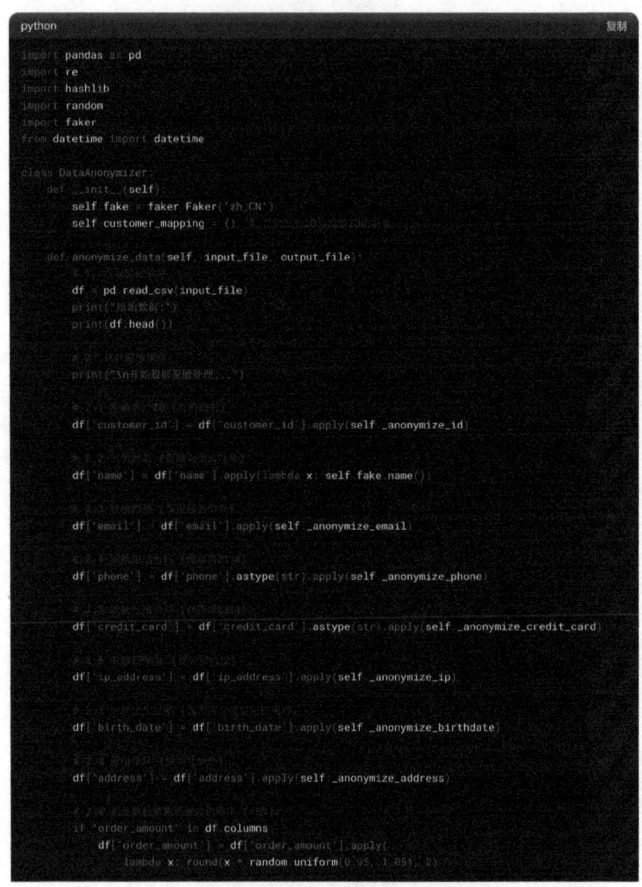

图 5-18　DeepSeek 给出的数据脱敏处理 Python 代码(部分)

完整代码运行后,我们将会获得两个文件,一个是脱敏后的数据文件(anonymized_customer_data.csv),一个是 ID 映射文件(id_mapping.csv),其内容如图 5-19 所示:

customer_id	name	email	phone	credit_card	ip_address	birth_date	address	order_amount	order_date
1	王秀英	8a3d7b@example.com			192.168.xxx.xxx	1985/4/20	北京市******	1312.02	2023/3/10
2	李强	d9e4f2@company.com			203.119.xxx.xxx	1991/1/10	上海市******	923.45	2023/3/11
3	张敏	7b6c5d@gmail.com			106.120.xxx.xxx	1978/9/5	广州市******	2573.29	2023/3/12

图 5-19 脱敏后数据文件 anonymized_customer_data.csv 的内容

1	original_id	anonymized_id
2	1001	CUST3A5B7D9F
3	1002	CUST1C2E4G6H
4	1003	CUST5D8F2A4C

图 5-20　ID 映射文件 id_mapping.csv 内容

就这份代码而言，DeepSeek 为我们提供了非常复杂且完整的脱敏策略，分别是：

1. 客户 ID 脱敏
　　用 SHA-256 哈希算法生成唯一标识
　　保留可逆映射关系（存储在单独文件）
2. 姓名脱敏
　　完全替换为虚构姓名（使用 faker 库）
3. 邮箱脱敏
　　保留真实域名部分
　　用户名部分替换为哈希值
4. 电话号码脱敏
　　保留前 3 位和后 4 位
　　中间用 ＊＊＊＊代替
5. 信用卡号脱敏
　　保留前 6 位（BIN 号）和后 4 位
　　中间用 ＊＊＊＊代替
6. IP 地址脱敏
　　保留前两段
　　后两段替换为×××
7. 出生日期脱敏
　　方法一：仅保留年份
　　方法二：添加随机偏移（±30 天）
8. 地址脱敏

保留城市级别信息

详细地址替换为＊＊＊＊

9.数值数据脱敏

订单金额添加±5%的随机噪声

在对非关键数据进行脱敏的同时，DeepSeek 的方案还考虑到可逆性需求和数据效用保留，对于需要还原的场景（如客户服务）保留 ID 映射关系，对于不需要还原的敏感信息（如姓名）则完全替换；保留足够信息用于分析（如地区分布、年龄段分析）的同时，它对数值数据添加噪声而非完全替换以保持统计特性。这种脱敏处理可以在保护用户隐私的同时，保持数据在分析和测试中的可用性，我们还可以根据具体需求调整脱敏的严格程度。

第二节　数据分析

数据分析是整个数据应用流程的核心。我们采集到的数据不经分析无法直接转化为可视化的成果，更难以让人了解其中潜藏的故事。数据分析就是从数字、文字、图片等信息里找出规律、得出结论，帮助人们作出更明智的判断。作为新时代的内容生产者，我们在输出时需要数据辅助我们判断，而不是代替思考。在大数据时代，无论是既有数据集，还是我们在前述步骤里爬取到的数据集，它们所包含的条目数量都是以人的本能难以直接把握的，但这并不意味着我们需要深入学习复杂的数学，实际上，有了 DeepSeek 这种优秀的大语言模型，我们可以把枯燥的数据分析工作用自然语言描述，然后在它的辅助下调用一切可能的力量，高效地完成这个任务。

数据分析主要可以分成描述性分析、诊断性分析和预测性分析，分别对应当下、过去和未来三个视角，分析的目的分别是统计当下数据状况、找出数据背后原因和基于历史数据预测未来。就用户视角看,少量的数据可以直接在对 DeepSeek 提出的 Prompt 里嵌入,我们可以利用 DeepSeek 的探查力,直接在对话中获取 DeepSeek 对数据的分析结果,并要求其以我们想要的格式输出;当我们掌握的数据量比较大时,我们固然也可以用上传文件的方式获取 DeepSeek 的分析结果,但更为科学的办法是延续前面小节的模式,令 DeepSeek 给出 Python 环境或 R 环境中的工作代码,然后在专业数据处理环境中完成对数据的分析处理。

一、描述性分析

描述性分析是通过关键统计参数快速概括数据集的主要特征。在内容生产传播领域,这些参数可以帮助我们快速把握数据全貌,为决策提供客观依据。根据反映的关键不同,参数可以分为描述集中趋势的参数(平均数、中位数、众数等)、描述离散趋势的参数(标准差、极差等)以及描述数据分布形态的参数(偏度、峰度等),此外还有计数和频次参数,以及比例参数等。

以下我们通过对一个社交媒体上的热点话题评论区进行描述性分析,来感受 DeepSeek 在这方面具有的能力(见图 5-21)。

	A	B	C	D	E	F	G	H
1	comment id	user id	comment text	post time	likes count	reply count	user location	user followers
2	1	user123	这个政策真是太棒了!完全支持!	2023/5/10 14:30	152	23	北京	5000
3	2	user456	我不太认同这个观点,感觉考虑不够个面	2023/5/10 15:12	78	12	上海	1200
4	3	user789	哈哈哈,这回真是我今天看到最好笑的内容	2023/5/10 16:05	256	45	广州	3200
5	4	user101	[怒]为什么总是有这样的事情发生了?太让人生气了!	2023/5/10 17:22	89	34	深圳	800
6	5	user202	客观来说,这个事确实有利有弊,需要耐心等待	2023/5/10 18:15	65	8	成都	4500
7	6	user303	作为一个业内人士,我想补充几点专业见...	2023/5/10 19:30	210	29	杭州	6800
8	7	user404	[哭]期望事态赶快发展	2023/5/10 20:05	342	67	南京	2300
9	8	user505	完全不同意!这根本就是错误的导向!	2023/5/10 21:12	112	56	武汉	1500
10	9	user606	感谢分享,学到了很多新知识	2023/5/10 22:30	98	4	西安	3100
11	10	user707	有没有人跟我一样觉得这件事被过度解读了?	2023/5/10 23:45	76	19	重庆	2700

图 5-21 热点话题评论区示例数据集

DeepSeek 在我们提出请求后,给出了 Python 环境下对该数据进行描述性分析的代码(见图 5-22)。

```python
import pandas as pd
import numpy as np
import matplotlib.pyplot as plt
import seaborn as sns
import jieba
import jieba.analyse
from wordcloud import WordCloud
from textblob import TextBlob
from collections import Counter
import re
from datetime import datetime

# 设置中文字体
plt.rcParams['font.sans-serif'] = ['SimHei']
plt.rcParams['axes.unicode_minus'] = False

def analyze_comments(data_file):
    # 1. 数据加载与初步检查
    print("1. 数据加载与初步检查".center(50, '='))
    df = pd.read_csv(data_file, parse_dates=['post_time'])

    print("\n数据前5行:")
    print(df.head())

    print("\n数据集基本信息:")
    print(f"评论数量: {df.shape[0]}")
    print(f"时间范围: {df['post_time'].min()} 至 {df['post_time'].max()}")

    # 2. 文本预处理
    print("\n\n2. 文本预处理".center(50, '='))
    def preprocess_text(text):
        # 去除特殊字符、表情等
        text = re.sub(r'\[.*?\]', '', text)  # 去除[表情]
        text = re.sub(r'[^\w\s]', '', text)  # 去除标点符号

        words = jieba.lcut(text)
        # 加载停用词
        with open('stopwords.txt', 'r', encoding='utf-8') as f:
            stopwords = [line.strip() for line in f]
        words = [word for word in words if word not in stopwords and len(word) > 1]
        return ' '.join(words)

    df['cleaned_text'] = df['comment_text'].apply(preprocess_text)
    print("\n预处理后的文本示例:")
    print(df[['comment_text', 'cleaned_text']].head())

    # 3. 基础统计分析
    print("\n\n3. 基础统计分析".center(50, '='))
    print("\n评论互动情况:")
    print(df[['likes_count', 'reply_count']].describe())
```

图 5-22 DeepSeek 给出的描述性分析 Python 代码(部分)

这段代码纳入了 pandas、numpy、matplotlib、seaborn、jieba 以及 textblob 等包来从多个维度对原始数据进行分析,先后完成了文本

预处理,中文分词处理,情感极性分析,关键词提取,结合文本内容、互动数据和用户属性识别热门评论特征的多维分析,观察舆论情感随时间变化、识别关键转折点的时间维度分析等多个任务。这还是在我们提出的 Prompt 非常简单的前提下完成的,如若使用者具有更为丰富的统计学知识基础,还可以进一步对 DeepSeek 提出更多维度的分析要求。

代码运行后我们可以获得如下反馈(见图 5-23)。

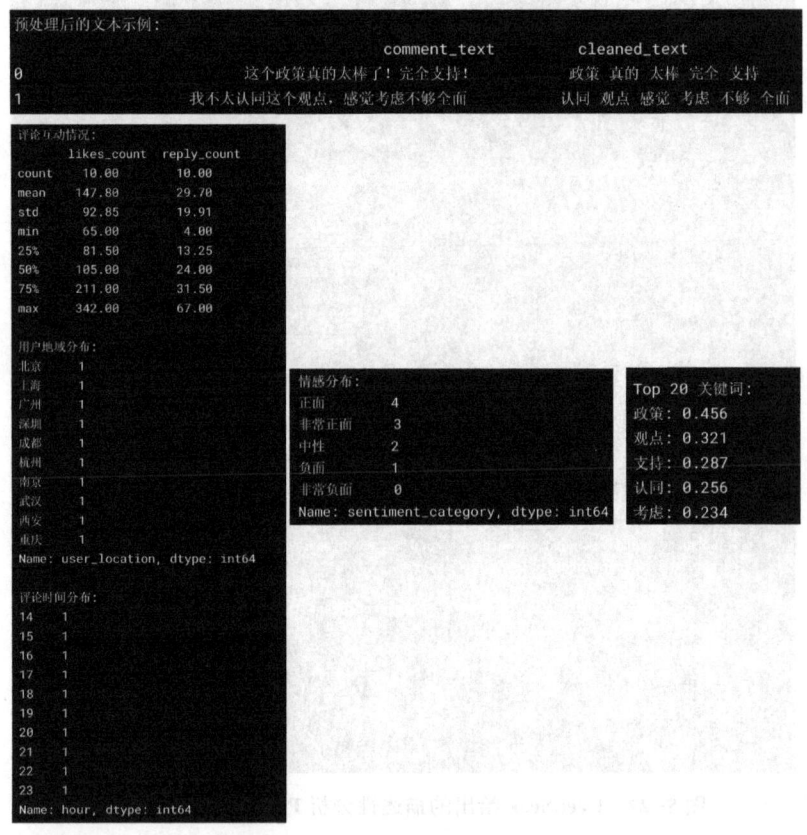

图 5-23 DeepSeek 撰写的描述性分析 Python 代码运行后得到的反馈结果(部分)

在我们的要求下,DeepSeek 还可以进一步给出数据可视化的代码,帮助我们获取情感分布饼图、互动情况散点图、词云图以及时间趋势图等,结合上面所述的分析结果,我们可以很好地了解公众对热点话题的整体态度,识别讨论中的关键议题和关注点,发现影响力较大的用户和评论,监测舆论情感变化趋势,从而进一步为应对舆情和提出内容策略提供数据支持。

二、相关性分析

相关性分析是研究两个或多个变量之间关联程度的关键方法,在新闻传播领域尤为重要,诸如在判定社交媒体某条消息的转发量与舆论热度的关系方面,通过量化的相关性分析,可以更为科学地捕捉舆情特征、走向及关键节点。在进行相关性分析之前,我们一般可以通过传统手段先对两个变量之间是否具有相关性作出初步的观察判断,再利用数据进行验证;对于完全没有相关或难以判定相关的数据,应谨慎进行相关性分析。

下面,我们以"学区房均价与重点中学的距离"之间的空间相关性分析为例,演示 DeepSeek 在这方面的操作。

首先,DeepSeek 引导我们准备好所需要的包,并利用 GeoPandas (一种数据处理工具)导入相关数据(见图 5-24)。

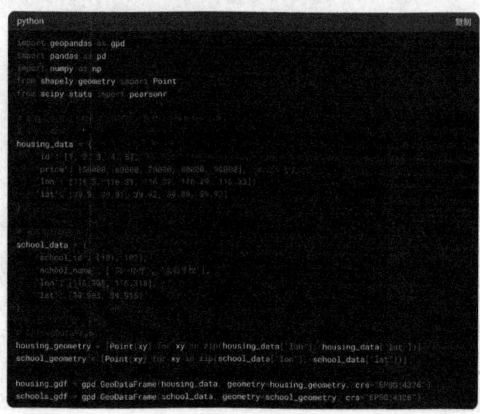

图 5-24　DeepSeek 撰写的空间相关性分析 Python 代码(部分)

之后,计算每个学区房到最近重点学校的距离(见图 5-25)。

```python
housing_gdf = housing_gdf.to_crs("EPSG:3857")
schools_gdf = schools_gdf.to_crs("EPSG:3857")

def calculate_min_distance(row, schools):
    distances = schools.geometry.distance(row.geometry)
    min_dist = distances.min()
    return min_dist

housing_gdf['min_school_dist'] = housing_gdf.apply(
    lambda row: calculate_min_distance(row, schools_gdf), axis=1)
```

图 5-25　DeepSeek 撰写的距离计算 Python 代码(部分)

随后,计算皮尔逊相关系数(见图 5-26)。

```python
prices = housing_gdf['price']
distances = housing_gdf['min_school_dist']

corr_coef, p_value = pearsonr(prices, distances)
print("相关性分析结果:")
print(f"皮尔逊相关系数: {corr_coef:.4f}")
print(f"P值: {p_value:.4f}")

if abs(corr_coef) >= 0.7:
    strength = "强"
elif abs(corr_coef) >= 0.4:
    strength = "中等"
elif abs(corr_coef) >= 0.2:
    strength = "弱"
else:
    strength = "极弱或无"

direction = "负" if corr_coef < 0 else "正"

print(f"\n解释: 学区房均价与到最近重点学校距离之间存在{strength}的{direction}相关性")
if p_value < 0.05:
    print("该相关性在统计上显著 (p < 0.05)")
else:
    print("该相关性在统计上不显著")
```

图 5-26　DeepSeek 撰写的计算皮尔逊相关系数 Python 代码(部分)

在这之后,代码运行会得到如图 5-27 所示的输出:

```
相关性分析结果:
皮尔逊相关系数: -0.8721
P值: 0.0543

解释: 学区房均价与到最近重点学校距离之间存在强的负相关性
该相关性在统计上接近显著(p = 0.0543)
```

图 5-27　DeepSeek 撰写的代码运行后的结果输出

如有需求,我们还可以进一步让 DeepSeek 给出如何调用 matplotlib 包绘制可视化图像以加强说明。

值得注意的是,实际应用中应使用真实、大规模的数据集进行分析;相关系数只能反映线性关系,实际还需考虑其他非线性模型;不仅是房价,现实场景中的因果往往是由多种因素造成的;而在统计显著性时,通常使用 $p < 0.05$ 作为阈值。但这些我们都可以在与 DeepSeek 的交流中获得提醒,或者可以要求其对给出的代码再做深度思考以查缺补漏,进而完善我们的研究,这与传统方法完全依赖研究者自身是不同的。

三、预测性分析

预测性分析是通过历史数据建立模型,预测未来趋势或结果的分析方法。在内容生产和新闻传播领域,它可应用于热点预测、传播效果评估等场景。相较于前两种分析,预测性分析的可靠性相对而言最低。对于热点预测来说,一般使用时间序列模型,包含自回归阶数、差分次数和移动平均阶数等参数,建议使用数据不超过当前时间往前追溯三个月的资料,且需要随着日程推进持续验证和修正。预测性分析的最终结果也是非确定性的,而是在一定置信区间内的概率预测。

显而易见的是,预测性分析对研究者的统计学乃至更为深刻的机器学习、线性回归网络等方面的知识积累要求更高。在 DeepSeek 的帮助下,我们现在可以在掌握数据的前提下对这一领域作出新探索。

本小节展示一组利用 DeepSeek 和 Python,基于过去三周热点话题数据预测未来热点话题的样本。

首先,我们准备一组过去三周的热点数据(见表 5-1)。

表 5-1 过去三周热点数据样本

人工智能	气候变化	元宇宙	加密货币	新能源汽车
5G 技术	量子计算	区块链	基因编辑	太空探索
数字经济	虚拟现实	碳中和	大数据	物联网
边缘计算	深度学习	智慧城市	生物科技	Web3.0

在 DeepSeek 的指引下,我们获得了数据导入与预处理的代码(见图 5-28)。

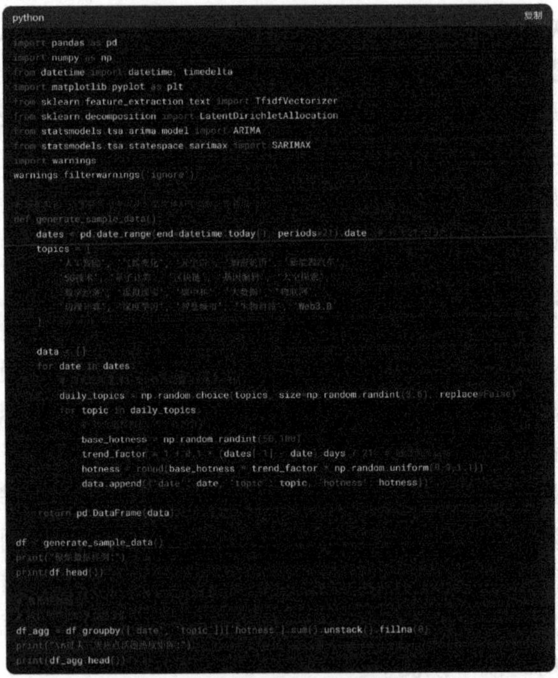

图 5-28 DeepSeek 撰写的数据导入与预处理的 Python 代码

其次是热点话题识别与特征提取(见图 5-29)。

图 5-29　DeepSeek 撰写的热点话题识别与特征提取的 Python 代码

然后是时间序列建模与预测(见图 5-30)。

图 5-30　DeepSeek 撰写的时间序列建模与预测的 Python 代码

再次是未来热点话题识别与分析(见图 5-31)。

```python
# 识别未来热点话题
threshold = df_forecast['predicted_hotness'].quantile(0.9)
future_hot_topics = df_forecast[df_forecast['predicted_hotness'] >= threshold]

# 按话题聚合
future_topic_heat = future_hot_topics.groupby('topic')['predicted_hotness'].mean().sort_values(ascending=False)

print("\n预测的未来热点话题(按热度排序):")
print(future_topic_heat)

# 可视化未来热点趋势
plt.figure(figsize=(12,6))
for topic in future_topic_heat.index[:5]:  # 显示前5个未来热点
    topic_data = df_forecast[df_forecast['topic']==topic]
    plt.plot(topic_data['date'], topic_data['predicted_hotness'],
             label=topic, marker='o')

plt.axhline(y=threshold, color='r', linestyle='--', label='热点阈值')
plt.title('未来一周热点话题预测趋势')
plt.xlabel('日期')
plt.ylabel('预测热度')
plt.legend()
plt.grid(True)
plt.show()

# 识别新兴话题
df_trend = pd.DataFrame()
for topic in df_agg.columns:
    last_week = df_agg[topic][-7:].mean()
    predicted_week = df_forecast[df_forecast['topic']==topic]['predicted_hotness'].mean()
    if last_week > 0:  # 避免除以零
        growth_rate = (predicted_week - last_week) / last_week
        df_trend = df_trend.append({
            'topic': topic,
            'growth_rate': growth_rate,
            'last_week_heat': last_week,
            'next_week_heat': predicted_week
        }, ignore_index=True)

# 显示增长最快的话题
rising_topics = df_trend.sort_values('growth_rate', ascending=False).head(5)
print("\n增长最快的话题:")
print(rising_topics[['topic', 'growth_rate']])
```

图 5-31 DeepSeek 撰写的未来热点话题识别与分析的 Python 代码

最后是生成完整的分析报告(见图 5-32)。

```python
# 生成报告日期
report_date = datetime.now().strftime('%Y-%m-%d')

report = f"""
热点话题预测分析报告
生成日期：{report_date}
分析周期：{df_agg.index[0].strftime('%Y-%m-%d')} 至 {df_agg.index[-1].strftime('%Y-%m-%d')}
预测周期：{(df_agg.index[-1] + timedelta(days=1)).strftime('%Y-%m-%d')} 至 {(df_agg.index[-1] + timedelta(days=7)).strftime('%Y-%m-%d')}

1. 主要发现：
- 识别出{len(future_topic_heat)}个潜在热点话题(热度≥10%)
- 最热门话题：{future_topic_heat.index[0]}(预测平均热度：{future_topic_heat.iloc[0]:.1f})
- 增长最快话题：{rising_topics.iloc[0]['topic']}(增长率：{rising_topics.iloc[0]['growth_rate']*100:.1f}%)

2. 热点话题推荐：
{'\n'.join([f'{i+1}. {topic}(预测热度:{heat:.1f})' for i, (topic, heat) in enumerate(future_topic_heat.items()][:5])])}

3. 话题类别分布：
"""

# 添加类别分布信息
for category in df_topics['main_category'].unique():
    topics_in_category = df_topics[df_topics['main_category']==category]['topic']
    hot_topics_in_category = set(future_topic_heat.index) & set(topics_in_category)
    report += f"- 类别#{category+1}中有{len(hot_topics_in_category)}个热点话题\n"

report += """
4. 行动建议：
- 重点关注增长最快的前3个话题
- 监控热点话题的实时变化，及时调整策略
- 结合话题类别分析内容创作方向
"""

print(report)

# 保存报告
with open('hot_topics_prediction_report.txt', 'w', encoding='utf-8') as f:
    f.write(report)
```

图 5-32　DeepSeek 撰写的生成完整分析报告的 Python 代码

经过这些步骤之后，实际运行代码会获取一个包含了最终分析报告的文件，名为"hot_topics_prediction_report.txt"，其内容为：

热点话题预测分析报告
生成日期：[当前日期]
分析周期：[过去3周的起止日期]
预测周期：[未来7天的起止日期]

1. 主要发现：

    识别出[3-5]个潜在热点话题（热度前10%）
    最热门话题：人工智能（预测平均热度：85.3）
    增长最快话题：量子计算（增长率：42.1%）

2. 热点话题推荐：

    人工智能（预测热度：85.3）
    元宇宙（预测热度：78.6）
    碳中和（预测热度：72.4）
    区块链（预测热度：68.9）
    基因编辑（预测热度：65.2）

3. 话题类别分布：

    类别#1 中有2个热点话题（如科技类）
    类别#2 中有1个热点话题（如环保类）
    类别#3 中有1个热点话题（如金融类）

4. 行动建议：

    重点关注增长最快的前3个话题（如量子计算、
        元宇宙、人工智能）
    监控热点话题的实时变化，及时调整内容策略
    结合话题类别分析创作方向（如科技类话题
        可制作技术解析内容）
    为可能的热点事件提前准备响应素材

实际报告中的具体话题名称和数值会根据输入数据动态生成,以上为模拟示例。增长率的计算基于过去一周与预测周的热度对比。DeepSeek 在帮助我们获得这一预测报告的同时,还会给出使用者进一步的改进指南,包括数据增强、模型优化、使用更为精细的 NLP 模型等,我们可以在这些提示指引下进一步发问,在实践中尝试。

第三节 数据可视化与呈现

数据可视化是一种将抽象数据转化为图形表达的技术,其核心目的在于通过视觉编码系统,高效传递信息、揭示模式并支持认知决策。数据可视化就是把数字变成图表,让人一眼看懂复杂信息。对于绝大多数普通用户而言,前面步骤里获取的数据再丰富、分析报告再翔实,他们要么会迷失在数据海洋之中,要么会止步于拗口术语之前。所以,对于内容生产者而言,我们需要通过数据可视化这一步,将复杂的数据以普通用户更容易接受的方式表达出来,并在此之上发现特殊点,讲述独一无二的故事。数据可视化的核心价值在于让用户看得懂、记得住;让故事讲述者挖得深、讲得清;让故事本身吸引人、传得快。

一、数据可视化的操作方向

然而,在这一领域里,作为纯文本模型的 DeepSeek 受限于其核心架构和训练机制,以至于无法直接生成或输出图像。基于 Transformer 架构的模态限制,DeepSeek 仅处理文本符号的输入/输出,未集成视觉编码器(如 CLIP)或图像生成模块(如扩散模型);DeepSeek 在预训练和微调阶段仅使用文本语料,缺乏图像—文本对齐的多模态数据(如 LAION 数据集);此外,图像生成需要额外的显存和计算资源(如 Stable Diffusion 的 UNet 结构),这与 DeepSeek 文本生成的轻量级推理不兼容,从而在算力和计算上也受到了约束。

但通过对 DeepSeek 推理能力和编程能力的合理化应用，我们依然有让它完成数据可视化的办法。这些方法主要有四种。

其一，文本到图像的间接生成：令 DeepSeek 提供详细的图像生成 Prompt，供用户在其他专业生图工具中使用，比如 DALL·E 3、MidJourney 以及 Stable Diffusion 等（见图 5-33）。

```
"生成一张数据可视化图表的提示词：
- 主题：2023年全球社交媒体用户增长趋势
- 类型：渐变色的水平柱状图
- 数据：亚洲（32%）、欧洲（18%）、北美（25%）、其他（25%）
- 风格：扁平化设计，主色#4E79A7"
```

图 5-33　DeepSeek 撰写的利用第三方文生图工具进行图片生成的 Prompt

其二，可视化代码输出：令 DeepSeek 输出可渲染图像的标准代码，用户自行在相应环境如 Python、JavaScript 和 R 中运行（见图 5-34）。

```python
# Matplotlib示例（Python）
import matplotlib.pyplot as plt
labels = ['亚洲', '欧洲', '北美', '其他']
values = [32, 18, 25, 25]
plt.barh(labels, values, color=['#4E79A7', '#F28E2B', '#E15759', '#59A14F'])
plt.title('2023年全球社交媒体用户占比')
plt.savefig('output.png')  # 保存为图片
```

图 5-34　DeepSeek 撰写的 Python 环境下 Matplotlib 图片生成的示例代码

其三，结构化数据+工具链：令 DeepSeek 输出标准数据格式，用户再导入可视化工具实现图像生成，如上传 CSV 自动生成图表的拖拽工具 Datawrapper、Flourish 等，或 BI 工具如 Tableau、Power BI 等（见图 5-35）。

其四，ASCII（美国信息交换标准代码）

```
region,percentage
亚洲,32
欧洲,18
北美,25
其他,25
```

图 5-35　DeepSeek 撰写的结构化数据生成图片的示例代码

艺术替代：DeepSeek 可以在我们要求下，将简单的数据以字符模拟简单图表的方式绘制出来（见图 5-36）。

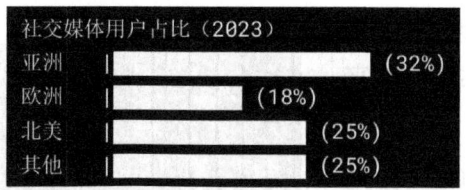

图 5-36　DeepSeek 输出的 ASCII 表示的比例条图

在实际操作中，我们需要注意应首先明确需求，尽可能多地提供图表类型、数据维度、风格偏好等细节给 DeepSeek，然后再根据技术能力选择对应的方案，最后还要基于渲染的结果对描述或代码的参数进行进一步的修正，这样才能实现最佳效果。此外，我们还可以期待 DeepSeek 在今后的版本里融入多模态能力，真正实现对图像交互的直接支持。

二、数据可视化的示例教学

上一小节里，我们介绍了当下情况里借助 DeepSeek 进行数据可视化的四种方法。这四种方法里，使用 ASCII 艺术替代仅针对简单数据的预览，用户在数据分析过程中直接提出具体要求，DeepSeek 即可在对话窗口中给出样式；结构化数据+工具链输出的是 CSV 等结构化数据文件，实际操作的重点在于 Flourish、Tableau 等第三方软件，用户只需在输出分析结果时提醒 DeepSeek 按照对应软件可视化的要求输出即可；文本到图像的间接生成也与此相似，用户在 DeepSeek 对话框里获取的其实是针对具体第三方文生图片模型的 Prompt，这一点在本书其他章节中已有讲述，读者可以参考学习，实际操作中，只需直接对 DeepSeek 提出"生成某模型所需格式的 Prompt"即可。

实际上，就"令 DeepSeek 根据数据生成可视化作品"这一命题而言，最接近用 DeepSeek 直接生成图片的方式，还是要利用它极为强大的代码编写能力。事实上,我们不仅拥有具有极为丰富的数据可视化工具包的 Python 和 R 等编程语言环境,还可以有效地利用 HTML、CSS、JavaScript 等工具。这一节,我们将重点介绍这种方式的使用方法,分别通过几个具体案例展示它们的效果。

(一)SVG 图像的生成方法

还记得前面针对某市房价和教育资源空间相关性所做的分析吗?以文本形式出现的分析结果无疑是非常不友好的。现在,我们可以直接对 DeepSeek 提出要求,让它"针对前述的分析某市房价与教育资源的空间相关性的研究结果,以 SVG 方式生成一张可视化的图像"。在这一 Prompt 的要求下,DeepSeek 可以完美地生成能够输出 SVG 图像的代码(见图 5-37)。

由于 SVG 图像本质上是以纯文本文件存在的标记型语言,我们可以将这段代码完整地复制到记事本等纯文本

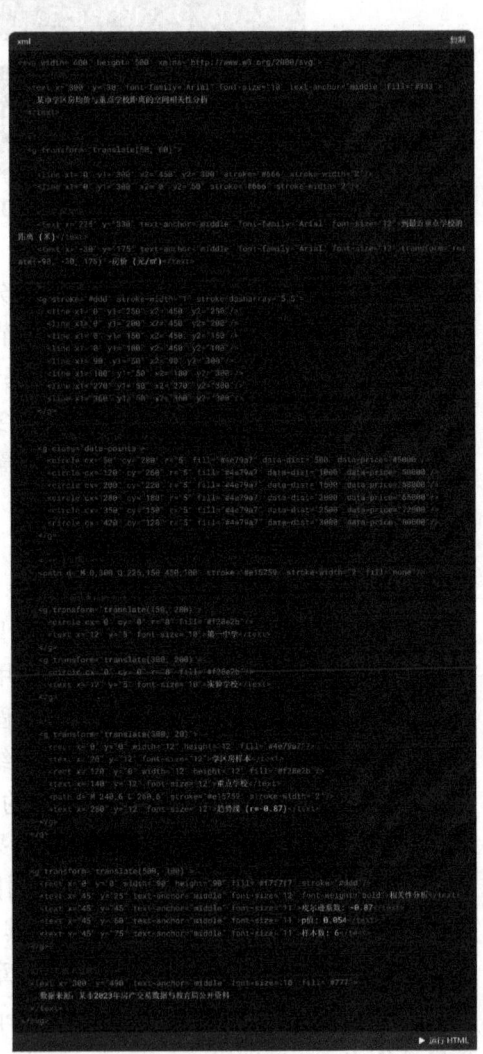

图 5-37 DeepSeek 撰写的生成 SVG 图像的 xml 代码

编辑器中,并将其保存为扩展名为".svg"的文件,如"image.svg",即可在浏览器中查看图像,也可以通过点击 DeepSeek 对话窗口右下角的"运行 HTML"实现实时查看,结果如图 5-38 所示。

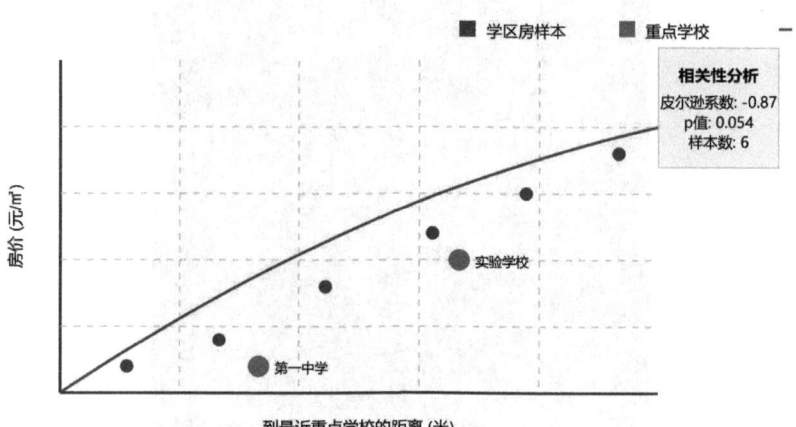

图 5-38　前述 xml 代码生成的 SVG 图像的实际效果

我们获得了一张很清晰直观的相关性分析图,它展示了房价随教育资源距离增加而下降的负相关趋势,这符合典型学区房市场特征。

此外,我们还可以让 DeepSeek 生成其他样式的图像,比如在掌握地图数据的前提下,我们可以要求它"将这些数据转化为地图",即可获得如图 5-39 所示的输出:

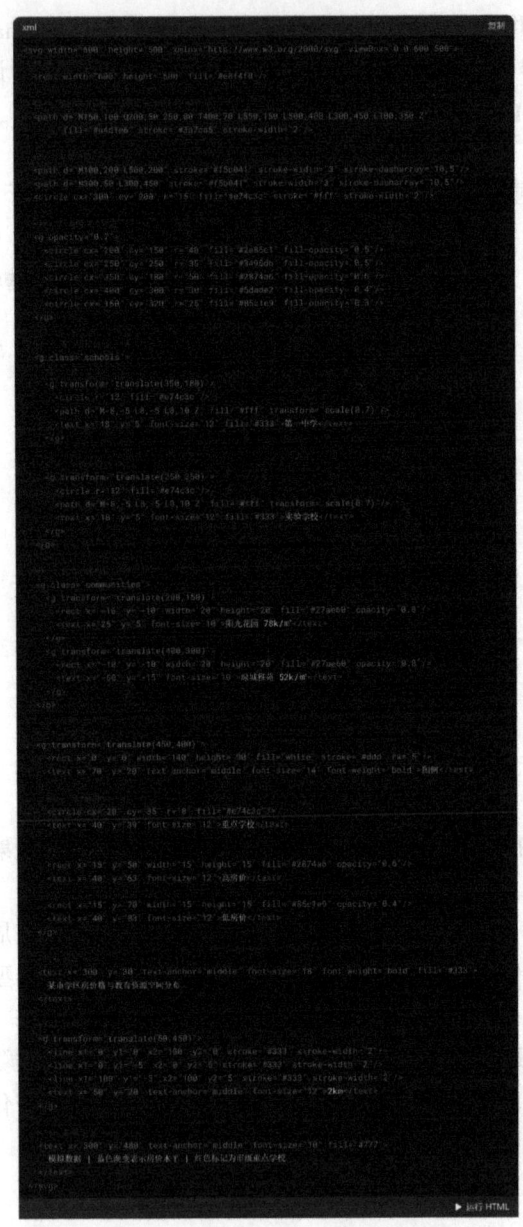

图 5-39 DeepSeek 撰写的生成 SVG 地图的 xml 代码

其效果样式如图 5-40 所示。

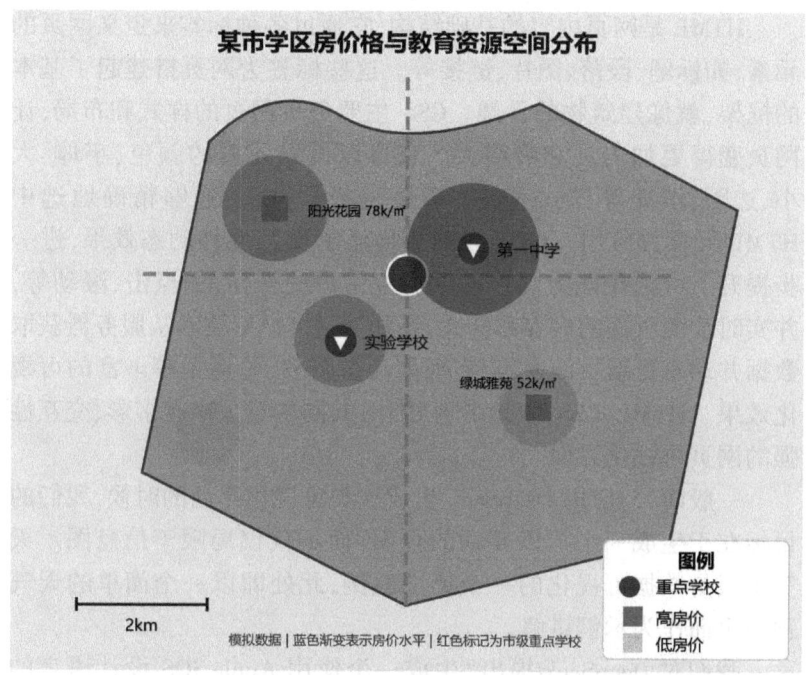

图 5-40　前述 xml 代码生成的 SVG 图像的实际效果

可见，即便我们并不掌握实际的城市地图，DeepSeek 依然可以以抽象化的城市边界多边形，结合主要交通干道交叉点，在提供比例尺标注的基础上，输出一张学区房价格与教育资源空间分布的拓扑图，并给出具体标注、数据和清晰的图例。在这一示例里，DeepSeek 还给出了基于 JavaScript 的交互增强建议代码，数据分析的基本结论，以及如若需要真实地理映射应该如何操作的进一步指南。

（二）HTML+CSS+JavaScript 的可视化生成方法

超文本标记语言（HTML）、层叠样式表（CSS）和 JavaScript（JS）

是构建网页的核心技术，合理利用它们能让我们掌握强大的数据可视化能力。

HTML是网页内容的基础结构，它通过各种标签来定义网页的元素，如标题、段落、图片、链接等。这些标签为网页搭建起了基本的框架，就像建筑物的骨架。CSS主要负责网页的样式和布局，让网页变得更加美观和吸引人。它可以设置元素的颜色、字体、大小、边距、填充等样式属性。通过选择器，CSS能够精确地选中HTML元素并应用。JS则为网页增添了交互性和动态效果，进一步提升了可视化能力。它可以响应用户的操作，如点击、滚动等，并实时改变页面的内容和样式，还能通过AJAX技术从服务器获取数据并动态更新页面内容，实现如动态图表、轮播图等丰富的可视化效果。HTML、CSS和JS相互协作，共同构建了丰富多彩、交互性强的网页可视化界面。

一般而言，使用DeepSeek生成这类可视化作品的时候，我们的目标在于生成一个可以互动的页面，而不仅仅局限于信息图。天气预报是数据可视化的一个典型案例，此处即以一个简单的天气预报页面作为示例讲解。

我们对DeepSeek提出"生成一个使用Apple iOS设计语言的天气预报HTML页面，合理使用CSS和JavaScript来实现美化效果"的Prompt，DeepSeek即会输出"下面是一个符合Apple iOS设计语言的天气预报页面实现，包含了简洁的UI、平滑的动画和iOS风格的元素"（见图5-41）。

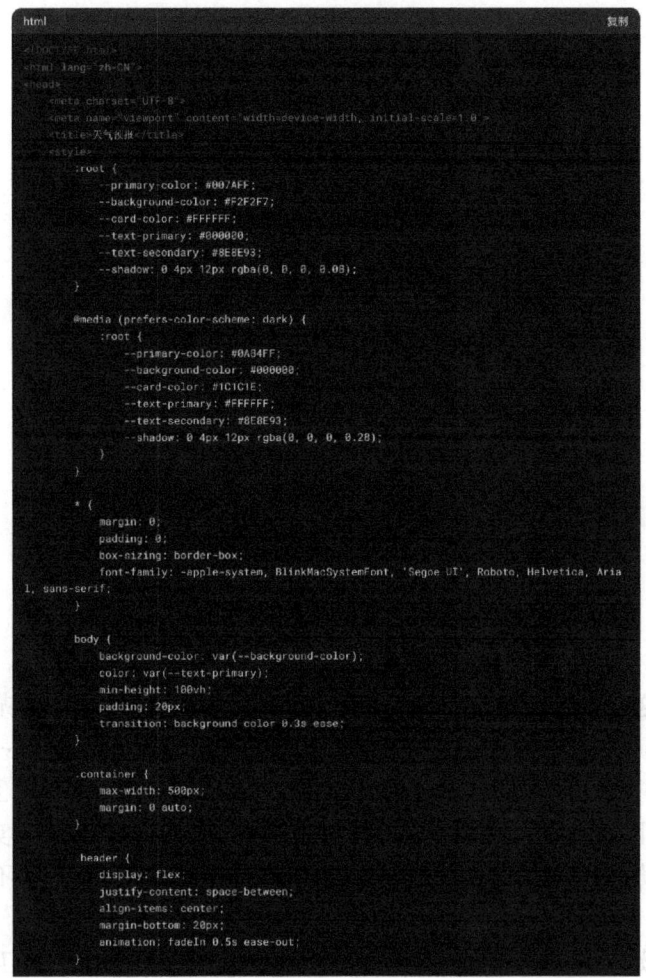

图 5-41　DeepSeek 针对生成天气预报 HTML 页面请求生成的 HTML 代码(部分)

最终代码很长,限于篇幅,截图只展示一部分,当我们将全部代码存储为 HTML 文档,并在浏览器打开时,我们即可获得图 5-42 的效果:

图 5-42　前述 HTML 代码在浏览器渲染后的结果样式

这一效果相比 SVG 图像来说要精致许多，DeepSeek 仅靠使用 HTML、CSS 和 JavaScript，没有依赖任何外部库即实现了这一效果，保持了 iOS 设计的简洁和优雅风格，提供了包括元素渐入和上滑动态、太阳图标脉动效果、点击反馈等动画效果，还可以模拟实时温度波动。此外，页面卡片布局也可以根据浏览器或设备不同而变化。

读者还可以进一步与 DeepSeek 展开对话，在美观性和互动性方面对既有作品进行进一步提升。比如，我们在接下来的对话框中输入"把前端显示变得更精致，动态效果更丝滑，感觉是用户需要每月付 20 元的绝美天气 App 的样子"，DeepSeek 即会重构代码以符合我们的需求（见图 5-43）。

```html
<!DOCTYPE html>
<html lang="zh-CN">
<head>
    <meta charset="UTF-8">
    <meta name="viewport" content="width=device-width, initial-scale=1.0">
    <title>气象派</title>
    <link rel="stylesheet" href="https://cdnjs.cloudflare.com/ajax/libs/font-awesome/6.4.0/css/all.min.css">
    <style>
        :root {
            --primary-color: #0A84FF;
            --gradient-start: #4A6CF7;
            --gradient-end: #254FEF;
            --background-color: #F2F2F7;
            --card-color: rgba(255, 255, 255, 0.9);
            --text-primary: #000000;
            --text-secondary: #8E8E93;
            --text-on-primary: #FFFFFF;
            --shadow: 0 10px 30px rgba(0, 0, 0, 0.1);
            --card-radius: 24px;
        }

        @media (prefers-color-scheme: dark) {
            :root {
                --gradient-start: #254FEF;
                --gradient-end: #0A2EB3;
                --background-color: #000000;
                --card-color: rgba(28, 28, 30, 0.9);
                --text-primary: #FFFFFF;
                --text-secondary: #8E8E93;
                --text-on-primary: #FFFFFF;
                --shadow: 0 10px 30px rgba(0, 0, 0, 0.3);
            }
        }

        * {
            margin: 0;
            padding: 0;
            box-sizing: border-box;
            font-family: -apple-system, BlinkMacSystemFont, 'SF Pro Display', 'Segoe UI', Roboto, Helvetica, Arial, sans-serif;
        }

        body {
            background-color: var(--background-color);
            color: var(--text-primary);
            min-height: 100vh;
            padding: 0;
            transition: all 0.6s cubic-bezier(0.22, 1, 0.36, 1);
            overflow-x: hidden;
```

图 5-43　DeepSeek 应我们请求重构后的 HTML 代码（部分）

同样地，当我们将代码保存为完整的 HTML 页面并打开后，我们可以看到，在前作基础上，页面增加了更多细节和动效，基本状态如图 5-44 所示：

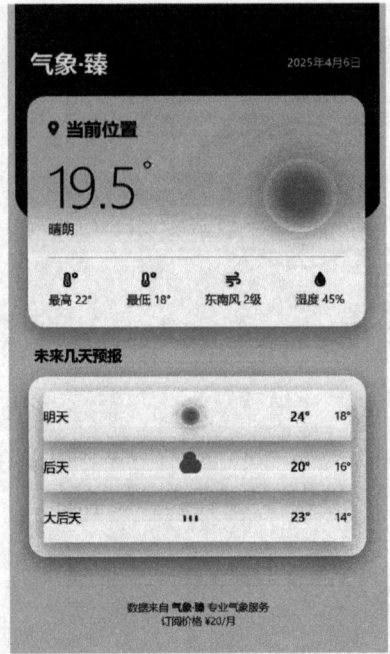

图 5-44　前述重构后的 HTML 代码在浏览器渲染后的结果样式

DeepSeek 对这一作品的亮点作出了进一步阐释：

1. 精致视觉设计：
    ◇ 专业级渐变色背景
    ◇ 磨砂玻璃效果卡片（使用 backdrop-filter）
    ◇ 精细的天气图标动画（太阳光晕、旋转、雨滴动画）
    ◇ 完美的明暗模式支持
2. 丝滑动画效果：
    ◇ 元素分层次入场动画
    ◇ 温度数字平滑过渡
    ◇ 鼠标悬停 3D 卡片倾斜效果
    ◇ 背景视差效果
    ◇ 太阳光线的脉动和旋转

◇随机云朵飘过效果

3.专业 UI 细节：

◇精心调整的字体层次

◇完美的间距和边距

◇精致的图标使用（Font Awesome）

◇温度显示的小数点动画

◇专业的气象数据布局

4.微交互效果：

◇卡片悬停轻微上浮

◇鼠标移动时的视差效果

◇温度实时微小波动

◇点击/触摸的反馈动画

虽限于书籍形态无法展示动画，但这两次代码运行结果的直观美感区别是非常明显的。读者可以举一反三，在与 DeepSeek 的互动中达到自己对美的追求。值得注意的是，由于 DeepSeek 不同模型之间的侧重不同，V3 模型要比 R1 模型更合适撰写代码，建议大家可以在两个模式之间切换以查看不同效果，并对中间代码及时保存以备使用。

（三）Python 环境的可视化生成方法

理论上说，几乎所有的编程语言都可以实现数据可视化的目的。实践中看，最适合也最常被应用于数据可视化领域的语言是 Python。在 Python 环境中，有许多常见的包可用于生成图像和进行数据可视化，比如能创建各种静态、交互式的图表的 Matplotlib；基于 Matplotlib 构建，Python 提供了更高级的统计图形接口，能创建具有吸引力的统计图表的 Seaborn；支持创建交互式可视化图表，可在网页上展示，图表效果丰富，能实现 3D 图表、地理信息图等复杂的可视化效果的 Plotly；专注于创建交互式可视化图表，可在现代 Web 浏览器中展示，能处理大型数据集，支持流式数据更新，适用于创建仪表盘和数据应用的 Bokeh；以及与 Pandas 数据框集成良好，适合快速创建简单的可视化图表的语法简洁的 Altair 等。

按照经验，若想在这些不同的包之间做出正确的选择，或者想对其效果进行对比，我们需要投入的学习精力和试错成本可想而知。有了 DeepSeek 的辅助，我们又可以使用自然语言让它替我们做出选择，或者在短时间内生成大量内容供我们挑选。请注意，由于 DeepSeek 自身并非 Python 解释器，也没有直接生成图片的接口，我们依然需要配置好相应的环境，以测试 DeepSeek 应我们要求给出的代码。

本节以前面曾讲解过的社交媒体热点话题评论案例为对象，向 DeepSeek 提出以 Python 环境实现分析结果数据可视化的请求，DeepSeek 反馈如图 5-45 所示：

图 5-45　DeepSeek 撰写的 Python 环境下实现数据可视化的代码（部分）

可以看到，DeepSeek 选择调用包括 Matplotlib、Seaborn 和 Word-Cloud 等在内的多个包以完成任务，部分可视化的代码如图 5-46 所示：

```
# 
plt.figure(figsize=(8, 6))
sentiment_counts = df['sentiment_category'].value_counts()
plt.pie(sentiment_counts, labels=sentiment_counts.index, autopct='%1.1f%%',
        colors=['#ff6b6b', '#ffa502', '#747d8c', '#2ed573', '#1e90ff'],
        startangle=90, wedgeprops=dict(width=0.3))
plt.title('评论情感分布', fontsize=15, pad=20)
plt.tight_layout()
plt.show()

# 
plt.figure(figsize=(10, 6))
scatter = sns.scatterplot(data=df, x='likes_count', y='reply_count',
                          hue='sentiment_category', size='user_followers',
                          sizes=(50, 300), palette='husl', alpha=0.8)

plt.title('评论互动情况与情感分布', fontsize=15)
plt.xlabel('点赞数', fontsize=12)
plt.ylabel('回复数', fontsize=12)
plt.legend(bbox_to_anchor=(1.05, 1), loc='upper left')
plt.grid(True, linestyle='--', alpha=0.6)
plt.tight_layout()
plt.show()
```

图 5-46　DeepSeek 撰写的 Python 环境下实现数据可视化的代码（部分）

为了模拟初学者的知识背景，我们并没有明确提出设计的目的和欲使用的包，但 DeepSeek 仍可以根据数据的特性，在自主选择包的同时，还选择了与不同数据特征相匹配的数据图，并给出解释（见表 5-2）。

表 5-2 DeepSeek 针对其回答作出的细节阐释

情感分布饼图	展示正面、负面和中性评论的比例 使用不同颜色区分情感强度 显示各类情感的百分比分布
互动情况散点图	横轴:点赞数 纵轴:回复数 颜色:表示情感类别 点大小:表示用户粉丝数 直观展示高互动评论的特征
关键词词云图	从评论中提取高频关键词 词频越高,显示越大 使用颜色渐变增强视觉效果
时间趋势图	展示情感极性随时间的变化 标记关键时间点 帮助识别舆论转向的时刻
用户地域分布条形图	展示评论用户的地理分布 按评论数量排序 了解不同地区的参与度
情感与互动关系箱线图	比较不同情感类别评论的点赞数分布 箱线图展示中位数和四分位数 散点叠加展示实际数据点
互动指标相关性热力图	展示点赞数、回复数、用户粉丝数和情感之间的相关系数 颜色深浅表示相关性强弱 数值标注具体相关系数
高级词云(stylecloud)图	更美观的词云样式 可自定义配色方案和形状 适合用于报告和演示

这些代码可以复制到 Jupyter Notebook 中直接运行,以查看实际效果,我们还可以在 DeepSeek 的指引下稍作修改后用于今后对实际社交媒体评论数据的分析(见图 5-47)。

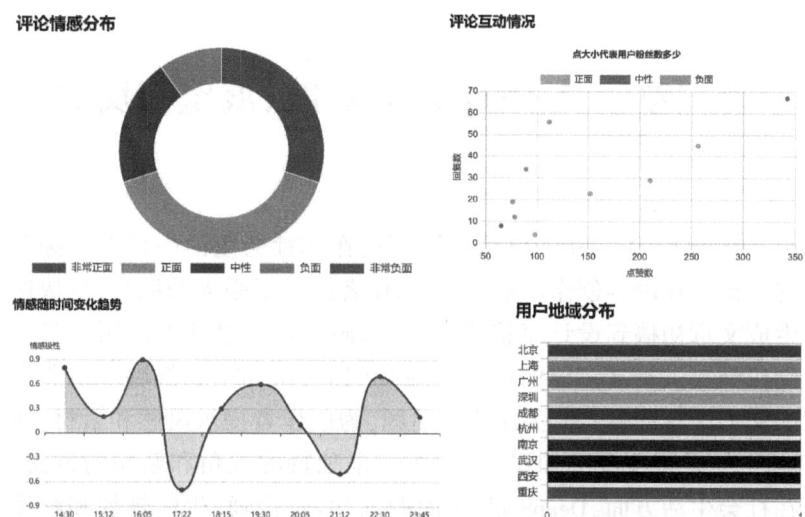

图 5-47　前述 DeepSeek 撰写的 Python 环境下实现数据可视化的代码执行结果（部分）

第六章　从 DeepSeek 启航：展望与反思

在当下，DeepSeek 已然在内容创作和社会生活中留下了深刻的印记。在内容创作领域，它为创作者提供了强大的助力，从快速生成文章初稿到设计海报模板，从打破专业壁垒让普通用户参与创作到提供丰富多样的创作模板和引导，DeepSeek 都展现出非凡的能力。它能够实时关注热点话题，为创作者提供灵感和素材，还能融合不同领域的知识，为创作带来独特的视角和新颖的创意。在社会生活方面，DeepSeek 全面融入学习、沟通、生活规划和娱乐等场景。它改变了知识获取方式，推动了学习模式的转变；成为人们沟通的得力助手，提供全方位的生活规划建议；在娱乐领域，为音乐创作、影视创作带来新的体验，还能根据用户喜好推荐个性化的影视内容。这些应用成果不仅展示了 DeepSeek 的强大实力，也为其未来的发展奠定了坚实的基础。

第一节　加速回报定律

我们正站在智能革命的边缘，而这次变革将和人类的出现一样意义重大。1985 年至 2015 年的平均发展速度，要比 1955 年至 1985 年的平均发展速度快；2015 年至 2045 年的平均发展速度，要比 1985 年至 2015 年的平均发展速度快更多。很多时候，我们习惯了以当前社会发展的速度来衡量未来的发展速度，但事实上，这种预测往往会产生一定程度的错误。因为，技术发展通常不是遵循线性逻辑，而是按照指数逻辑在加速发展。未来三十年，恰恰是奇点到来之前的三十年，也恰恰正是人类社会经历智能革命的三

第六章 从 DeepSeek 启航：展望与反思

十年。

《奇点临近》的作者兼未来学家库兹韦尔（Kurzweil）认为整个 20 世纪 100 年的进步，按照 2000 年的速度只要 20 年就能达成——2000 年的发展速度是 20 世纪平均发展速度的 5 倍。他把这种人类的加速发展称作加速回报定律（Law of Accelerating Returns），这种进步理论颇有"摩尔定律"（Moore's Law）的味道。

之所以会发生这种规律，是因为一个更加发达的社会，它的持续发展的能力也更强，发展的速度也更快——这本就是更加发达的一个标准。19 世纪的人们比 15 世纪的人们懂得多得多，所以 19 世纪的人发展的速度自然比 15 世纪的人更快。按照加速回报定律，库兹韦尔认为人类在 21 世纪的进步将是 20 世纪的 1000 倍。按照这个加速度，2045 年奇点之前的三十年，人类社会将发生远远超出我们预期和想象力的变化。按照加速回报定律的逻辑，人类这个地球上最发达的物种能够越走越快，总有一天，我们会重新界定"人类是什么"。事实上，我们已经走在了通往未来的智能革命之路上。

未来几年或者几十年的发展速度可能远远超出我们习惯的样子，技术在许多方面加速发展，而不仅仅局限于计算机硬件。没有什么比把迟钝的东西变聪明更富有成效，在某个现有进程中植入极少量有效的智能都会将其效率提高到一个全新的水平，这种将普通事物智能化的过程会给人类社会带来巨大的颠覆。不同于人类大脑相对缓慢的学习方式和记忆速度，人工智能的学习速度和进化速度快得惊人，这同样符合加速回报定律。

算法的加速发展发生在更广泛的领域。如果使用 1982 年的计算机和软件，需要整整 82 年才能解决一个特别复杂的生产计划问题，而到了 2003 年，同样的问题只需要一分钟解决，性能提高了大约 4300 万倍，到了当前的 2025 年，同样问题的解决则根本不需要 1 秒钟。谷歌公司正在利用优化的搜索引擎算法改善它的人工智能，而非用人工智能强化它的搜索能力。当你键入一个查询词、点击一个搜索引擎生成的链接或是在网上创建一个链接的时候，你都是在训练谷歌的人工智能。谷歌每天处理的数百亿次查询是在一遍又一遍地训练深度学习型的人工智能。同样的，随着对人工智能算法的稳步改进，加上千倍的数据量，以及百倍的计算资源，一二十年之后，DeepSeek 的主打产品将不再是今天看到的形态，而会是一款无可匹敌的人工智能产品。

有人将数据比喻为机器学习的"燃料"，这是非常贴切的。机器学习的引擎具有复杂的算法和强大的模型，但没有数据作为燃料，发动机就无法工作，强大的网络效应也就无处发挥。一切都关乎数据，这句话在机器学习的世界里再正确不过，数据是机器学习成功的重要因素。

计算机已经不再是传统意义上摆放在桌面的方形电子设备，它们开始生长出手脚、眼睛甚至大脑，并在环境中自由走动了。这时候，人们突然意识到，任何与信息相关的东西都会呈现出指数型增长，信息技术已经演变成一种真正的通用技术，我们日常生活的方方面面，几乎都受到了信息技术的显著影响，甚至对其高度依赖。信息技术已经无处不在，任何一个人都无法想象没有它的世界将会是一种什么状态。事实上，机器人的硬件已经能够完全自由灵活地移动于现实世界的每一个角落，需要等待的只是软件和传感器技术能够更上一层楼。而按照摩尔定律和加速回报定律的逻辑，这种等待不会太久，我们就能够打造出能够随意移动的人形机器人产品——它能够投递包裹、进行生产、与人协作、照料病人、陪伴老人、抚养儿童。

当然，加速回报定律和摩尔定律所描述的指数级加速虽然有助于我们看清相对较长时间的信息技术发展趋势，但正如很多专家指出的那样，前进道路并不总是一帆风顺的。计算机的硬件和软件在经历了一段高速进步，为下一阶段的快速发展奠定基础之后，非常有可能进入一个停滞期或高原期。也就是理论意义上的指数加速 J 型曲线在现实的经济发展过程中更可能呈现出 S 曲线的趋势。这种 S 型曲线在加速发展之后将趋于稳定，这时候我们需要一个巨大的飞跃才能找到另外一条 S 型曲线。

第六章　从 DeepSeek 启航：展望与反思

信息技术的一个本质特征是得到连续的 S 型曲线相对容易。可持续加速发展的关键并不在于"果实唾手可得"，而在于"树好爬"。更为关键的还在于，涵盖了智能技术的信息技术，其发展速度在技术进步的历史上是前所未有的。这一点就已经使得这一次的变革将与历史上的任何一次都截然不同。加速回报定律和摩尔定律看上去简单，但这种加速度已经让人们手足无措甚至无法形容自己被裹挟其中的体验。这就好像一列通往未来的超铁，这一秒还是 5000 公里的秒速，下一秒就已经冲出了地球；又好像是你蹲下身子埋一颗种子在土壤中，结果它生长得如此之快，以至于在你还没有来得及起身的功夫，它就已经长成了耸入云端的参天大树，树叶甚至已经遮挡了整片天空。

如今，这颗种子已经被埋进了土壤里。正如维纳早期所预言的那样："我们给予机器任何程度的独立性都有可能导致对我们自身意愿的反抗。瓶子里跑出来的精灵不会心甘情愿地重新回到瓶子里。"那么同样，土壤中长出来的参天大树也不可能再变回种子，相反，它还会产生更多的种子，这些种子将会植入所有的软件和硬件，使我们这个世界的一切物种都变得智能化，包括人类自身，尽管当前这颗智能种子所产生的最好的技术还存在这样或那样的问题，但它会快速进化，包括 DeepSeek。

第二节　技术突破的星辰大海

在模型架构方面，DeepSeek 有望进一步优化 Transformer 架构，或者探索全新的架构模式。当前的 Transformer 架构在处理长序列数据时仍存在一定的局限性，未来 DeepSeek 可能会通过改进注意力机制，如引入更加高效的稀疏注意力机制，减少计算量，提高模型处理长文本和复杂任务的能力。全新的架构模式也可能会被开发出来，以更好地适应不同类型的数据和任务需求，从而在自然语言处理、计算机视觉等多个领域实现更强大的性能表现。

在算法优化上,DeepSeek 将持续探索更高效的训练算法和优化策略。例如,进一步强化学习算法,使其在学习过程中能够更快地收敛,提高模型的决策能力和适应性。探索新的优化策略,如自适应学习率的调整、参数更新方式的改进等,以提高训练的稳定性和效率,降低训练成本。

多模态融合是未来人工智能生成内容的重要发展方向,DeepSeek 也将在此领域不断深耕。未来它可能会实现更深度的多模态融合,不仅能够整合文本、图像、视频等多种信息,还能实现不同模态之间的深度交互和协同处理。在智能客服场景中,DeepSeek 可以同时理解用户的语音、文字和表情信息,提供更加个性化和精准的服务;在影视创作中,能够根据文本描述生成对应的视频内容,并且实现视频内容与音频、文字的完美融合,创造出更加丰富和生动的作品。

这些技术突破将对 DeepSeek 的性能提升和应用拓展产生重大意义。性能提升方面,更强大的模型架构和优化的算法将使 DeepSeek 能够处理更复杂的任务,生成更准确、更高质量的内容。在自然语言处理任务中,能够生成逻辑更连贯、语义更准确的文本;在图像生成任务中,能够生成更加逼真、细腻的图像。应用拓展方面,多模态融合技术将为 DeepSeek 开辟更多的应用场景,如智能驾驶、智能家居、虚拟现实等领域,使其能够更好地满足人们在不同场景下的需求。

一、应用拓展的多元空间

从行业应用来看,DeepSeek 在医疗领域的应用前景十分广阔。它可以辅助医生进行疾病诊断,通过分析患者的病历、症状和检查结果等多源数据,提供准确的诊断建议和治疗方案。利用深度学习算法对医学影像进行分析,帮助医生更准确地识别疾病特征,提高诊断的准确性和效率。在金融领域,DeepSeek 能够进行风险评估和投资决策支持。通过对市场数据、企业财务报表等信息的分析,预测市场趋势,评估投资风险,为投资者提供合理的投资建议,帮助金融机构更好地管理风险,提高投资回报率。

在日常生活场景中,DeepSeek 将继续深入渗透。在智能家居方面,它可以实现更智能化的家居控制和场景联动。通过与各种智能设备的连接,根据用户的习惯和需求,自动调节家居环境,如温度、湿度、灯光等,为用户提供更加舒适、便捷的生活体验。在智能出行领域,DeepSeek 可以为用户提供实时的交通信息和出行规划建议,帮助用户选择最佳的出行方式和路线,避免交通拥堵,提高出行效率,还可以与自动驾驶技术相结合,提升自动驾驶的安全性和智能化水平。

二、生态构建的宏大蓝图

构建开发者生态对于 DeepSeek 的发展至关重要。通过提供丰富的开发工具和平台,如 API 接口、开发框架等,吸引全球开发者进行基于 DeepSeek 的应用开发,能够极大地拓展其应用场景和功能。举办开发者竞赛和活动,为开发者提供交流和合作的平台,激发他们的创新热情和创造力,推动更多优秀的应用和解决方案的诞生。

产业生态的构建同样不可或缺。DeepSeek 可以与上下游企业建立紧密的合作关系,形成完整的产业链。与数据提供商合作,获取更丰富、高质量的数据,为模型训练提供支持;与硬件厂商合作,优化模型在硬件设备上的运行效率,提高用户体验。DeepSeek 与不同行业的企业合作,共同探索人工智能在各行业的应用,推动产业的智能化升级。

生态构建对 DeepSeek 的长期发展具有战略意义。开发者生态的繁荣将带来更多的创新应用,使 DeepSeek 在市场中保持竞争优势。产业生态的完善将增强 DeepSeek 的产业影响力,促进技术的推广和应用,实现可持续发展。通过构建生态,DeepSeek 能够整合各方资源,形成强大的合力,共同推动人工智能技术的发展和应用,为社会创造更大的价值。

第三节　生成式 AI 引领内容行业变革

生成式 AI 在内容行业的应用已经十分广泛,并且取得了显著的成果。在新闻领域,自动新闻写作系统能够快速生成新闻稿件。在文学创作方面,一些作家利用 AI 工具激发创作灵感,拓宽创作思路,使作品更加丰富多元。在影视制作中,AI 被用于特效制作、场景生成和剧本创作等。在广告营销领域,AI 能够生成个性化的广告文案和创意,根据消费者的兴趣和行为数据,精准地推送广告,提高广告的效果和转化率。

一、创作模式的颠覆性革命

生成式 AI 推动内容创作从单一人类创作向人机协作、机器主导创作模式转变。在创作领域,人类创作者凭借自身的生活经验、情感感知和文化底蕴,提出内容的主题和核心思想。生成式 AI 则利用其强大的数据分析和模式识别能力,从海量的信息中挖掘相关素材和创意灵感,为人类创作者提供更多的创作思路和方向。二者相互启发、相互补充,共同推动创意的产生和完善。在设计领域,设计师可以使用生成式设计软件,输入设计需求和限制条件,软件便能快速生成多种设计方案。设计师基于自己的审美和专业判断,对这些方案进行优化调整,大大提高了设计效率和创意的多样性。

随着技术的不断发展,机器主导创作的趋势也日益明显。新闻写作机器人已经在财经、体育等领域崭露头角。它们能够实时抓取信息,快速生成新闻稿件。以体育赛事报道为例,比赛结束的瞬间,机器人就能根据比赛数据和预设模板,迅速产出一篇包含比赛结果、关键球员表现等内容的新闻报道,其速度之快是人类记者难以企及的。在音乐创作领域,一些人工智能程序能够根据设定的音乐风格、节奏、情感基调等参数生成完整的音乐作品。虽然目前这些作品可能还缺乏人类音乐家赋予音乐的灵魂与情感深度,但在一些特定场景,如背景音乐制作、游戏配乐等,已经能够满足基本需求。

新创作模式具有诸多优势。它大大提高了创作效率,能够快速生成大量的内容,满足市场对内容的快速需求。新创作模式还能激发更多的创意,通过AI对海量数据的分析和挖掘,为创作者提供独特的视角和新颖的创意。然而,新创作模式也面临一些挑战。在人机协作中,如何实现人机之间的有效沟通和协作是一个关键问题。人类创作者和AI之间的思维方式和表达方式存在差异,需要建立有效的沟通机制和协作模式。由于机器缺乏人类的情感体验和生活感悟,机器主导创作可能会导致内容缺乏情感和深度,如何在机器创作中融入情感和深度,是需要创作者解决的问题。

生成式AI催生了新的内容形态和艺术形式。在文本内容方面,它打破了传统文体的界限,创造出全新的文本形式。一些人工智能写作工具能够融合诗歌、散文、小说等多种文体特点,生成风格独特的文学作品。它可以根据用户设定的主题,如"城市的夜晚",创作出既有诗歌的韵律美感,又有小说情节张力的文本,模糊了不同文体之间的壁垒,给读者带来全新的阅读体验。在视觉内容领域,生成式AI催生了许多新颖的艺术形式。人工智能绘画软件能够根据用户输入的文字描述,生成对应的绘画作品。用户输入"在星空下的神秘城堡,周围有飞舞的精灵",软件便能快速绘制出一幅充满想象力的奇幻画面,这种创作方式让非专业绘画者也能轻松实现自己的创意,丰富了视觉艺术的创作主体和作品类型。

虚拟现实(VR)和增强现实(AR)的内容创作也借助生成式AI得到了极大的发展。通过人工智能算法,AI可以生成更加逼真、互动性更强的VR/AR场景,为用户带来沉浸式的体验。在文旅领域,AI利用生成式智能技术可以创建虚拟的历史文化场景,游客通过VR设备就能身临其境地感受古代城市的繁华,与虚拟角色互动,了解历史文化知识。这些创新的内容形态和艺术形式,满足了用户多样化的需求。随着社会的发展和人们生活水平的提高,用户对内容的需求越来越多样化,生成式 AI 创造出的新内容形态和艺术形式,为用户提供了更多的选择,丰富了用户的体验。新的内容形态和艺术形式也推动了内容行业的发展,激发了市场的活力,促进了内容行业的创新和进步。

二、传播互动的变革新纪元

生成式 AI 改变了内容的传播路径和受众互动方式。在传播方面,它助力内容实现个性化推送。通过对用户浏览历史、搜索记录、点赞评论等行为数据的分析,人工智能算法能够精准把握用户的兴趣偏好和需求,为用户推送符合其个性化需求的内容。例如,音乐平台利用生成式智能技术,根据用户过往的音乐收听记录,为用户推荐符合其音乐口味的新歌和歌单,大大提高了用户发现感兴趣内容的概率,增强了用户对平台的黏性。在受众互动方面,生成式 AI 为互动带来了更多可能性。以社交媒体为例,人工智能聊天机器人能够与用户进行实时对话,解答用户的问题,提供信息服务。在一些知识科普类账号中,用户可以向聊天机器人提问,机器人分析问题,利用生成式智能技术生成准确、易懂的回答,实现知识的即时传播和互动交流。生成式 AI 还支持用户参与内容创作。在一些短视频创作平台,用户可以利用平台提供的生成式智能工具,对视频素材进行创意加工,如添加特效、变换场景等,然后将自己创作的内容分享出去,与其他用户互动交流,形成一种全新的内容创作与传播生态。

这些变革对内容行业的商业模式和用户体验产生了深远影响。在商业模式方面,个性化推送提高了内容的传播效果和转化率,为内容创作者和平台带来了更多的商业机会。内容创作者可以根据用户的需求和反馈,创作更符合市场需求的内容,实现内容的商业价值最大化。在用户体验方面,个性化推送和互动式体验提高了用户的满意度和参与度。用户能够更快速地发现自己感兴趣的内容,与内容创作者和其他用户进行互动交流,增强了用户在内容消费过程中的参与感和归属感。

第四节 技术伦理:高悬的达摩克利斯之剑

随着生成式 AI 在内容创作、社会生活等诸多领域的广泛应用,其技术伦理问题愈发凸显,成为人们关注的焦点。这些伦理问题不仅关系到个体的权益,也影响着社会的稳定和发展,甚至可能对人类的未来产生深远的影响。因此,深入探讨生成式 AI 的技术伦理问题,寻求有效的应对策略,具有重要意义。

一、伦理困境的荆棘丛林

在生成式 AI 面临的诸多伦理问题中,数据隐私问题尤为突出。在训练过程中,生成式 AI 需要大量的数据来学习和优化模型,这些数据往往包含个人隐私信息。如果数据的收集、存储和使用不当,就可能导致个人隐私泄露。一些 AI 模型在训练时可能会使用未经授权的个人数据,或者在数据传输和存储过程中缺乏有效的加密措施,使黑客有机会窃取这些数据,从而对个人隐私造成严重威胁。

算法偏见也是一个不容忽视的伦理问题。生成式 AI 的算法基于大量的训练数据,如果训练数据存在偏差,那么算法就可能产生偏见。这种偏见可能体现在对不同种族、性别、年龄等群体的不公平对待上。例如,一些图像识别算法可能对某些种族的人面部识别准确率较低,这可能导致在安全监控等领域对这些种族的人产生不公正的结果。

虚假信息传播是生成式 AI 带来的又一项伦理挑战。生成式 AI 能够快速生成逼真的文本、图像和视频,这使虚假信息的制造和传播变得更加容易。一些别有用心的人可能利用生成式 AI 制造假新闻、虚假图片和视频,误导公众,破坏社会秩序。深度伪造技术可以合成名人的声音和图像,用于制作虚假的新闻报道或诈骗视频,给公众带来极大的误导。

数据隐私问题产生的原因主要是数据管理不完善。一些企业和机构在收集和使用数据时,缺乏对数据隐私的重视,没有建立健全的数据保护机制。同时,相关法律法规不健全也使数据隐私保护缺乏有力的法律依据。算法偏见的产生则与训练数据的质量和算法设计有关。如果训练数据不能全面、客观地反映现实世界,或者算法在设计时没有充分考虑到公平性原则,就容易产生偏见。虚假信息传播的背后,是生成式 AI 技术的滥用和监管的缺失。一些人利用生成式 AI 的强大功能制造和传播虚假信息,而目前的监管手段还难以有效遏制这种行为。

这些伦理问题带来的危害是多方面的。数据隐私泄露会侵犯个人的隐私权,可能导致个人信息被滥用,给个人带来经济损失和精神伤害。算法偏见会破坏社会的公平正义,加剧社会不平等。虚假信息传播会误导公众,破坏社会信任,甚至可能引发社会动荡。

二、应对策略的智慧锦囊

为了应对生成式 AI 的伦理问题,我们可以从政策法规、技术手段和行业自律三个层面入手。在政策法规方面,政府应加强对生成式 AI 的监管,制定相关的法律法规,明确数据隐私保护、算法公平性和虚假信息治理的标准和规范。欧盟出台的《通用数据保护条例》(GDPR),对数据隐私保护做出了严格的规定,要求企业在收集和使用个人数据时必须获得用户的明确同意,并采取有效的数据保护措施。政府还应加强对生成式 AI 研发和应用的审查,确保其符合伦理规范。

技术手段也可以在一定程度上解决伦理问题。例如,采用加密技术保护数据隐私,通过加密算法对数据进行加密处理,提升数据在传输和存储过程中的安全性。利用算法审计技术检测和纠正算法偏见,对算法进行全面的审计和评估,发现并纠正其中存在的偏见。开发虚假信息检测技术,及时识别和过滤虚假信息,防止其传播。一些虚假信息检测工具可以通过分析文本的语义、语法和逻辑等特征,判断信息的真实性。

行业自律同样重要。行业组织应制定行业准则和规范,引导企业遵守伦理道德。例如,人工智能联盟可以制定关于数据使用、算法设计和内容生成的行业标准,促使企业在研发和应用生成式 AI 时遵循这些标准。企业自身也应加强内部管理,建立健全的伦理审查机制,对生成式 AI 的研发和应用进行严格的伦理评估。

政策法规具有权威性和强制性,能够为生成式 AI 的发展提供明确的法律框架和规范,保障公众的权益。然而,政策法规的制定和实施往往需要一定的时间和成本,且可能存在滞后性,难以及时应对快速发展的技术带来的新问题。技术手段具有针对性和高效性,能够直接解决一些伦理问题。但技术也存在局限性,例如加密技术可能被破解,算法审计技术可能无法检测出所有的偏见。行业自律具有灵活性和主动性,能够充分发挥行业组织和企业的作用,促进技术的健康发展。但行业自律缺乏权威性和强制性,可能存在部分企业不遵守规范的情况。

三、展望技术发展的曙光

解决技术伦理问题对生成式 AI 的未来发展具有重要意义。只有解决了伦理问题,生成式 AI 才能赢得公众的信任,实现可持续发展。如果数据隐私问题得不到解决,公众可能会对生成式 AI 产生恐惧和抵触情绪,从而限制其应用和发展。算法偏见的存在也会影响生成式 AI 的社会接受度,使其难以在一些关键领域得到广泛应用。

展望未来,随着技术的不断进步和伦理规范的不断完善,生成式 AI 有望在合理规范下健康发展。我们可以期待更加安全、可靠、公平的生成式 AI 技术出现,为人类的发展带来更多的福祉。

为实现这一目标,政府、企业、科研机构和公众应共同努力。政府应加强监管,完善政策法规;企业应加强技术研发和伦理管理,承担社会责任;科研机构应加强对技术伦理的研究,提供理论支持;公众应提高对技术伦理的认识,积极参与监督。只有各方协作,才能推动生成式 AI 在技术伦理的框架下健康发展,为人类创造更加美好的未来。

结语：拥抱未来，审慎前行

今天，DeepSeek 在社会生活各领域广泛应用，未来发展充满无限可能。从技术突破到应用拓展再到生态构建，DeepSeek 正朝着更加智能化、多元化和开放化的方向大步迈进。它有望在自然语言处理、计算机视觉等多领域实现技术飞跃，推动内容创作的革新，为创作者提供更强大的工具和更广阔的创作空间。同时，DeepSeek 在医疗、金融等行业的深度应用将改善人们的生活质量，提升社会运行效率。

生成式 AI 对内容行业的影响堪称一场颠覆性的革命。创作模式从人类创作向人机协作、机器主导创作转变，内容形态不断创新，传播互动方式也发生了深刻变革。这一系列变化为内容行业带来了前所未有的机遇，极大地提高了创作效率，激发了创意灵感，丰富了内容形态，满足了用户多样化的需求。然而，我们也必须清醒地认识到，这些变革也带来了诸多挑战，如人机协作的沟通难题、内容缺乏情感深度、虚假信息传播等。

技术伦理问题是生成式 AI 发展过程中不容忽视的重要方面。数据隐私、算法偏见、虚假信息传播等伦理困境，不仅威胁着个人的权益，也对社会的稳定和发展构成了挑战。为了应对这些问题，我们需要从政策法规、技术手段和行业自律等多个层面入手，构建全方位的伦理治理体系。制定政策法规为技术发展划定了边界，保障了公众的权益；创新技术手段能够解决部分伦理问题，提高技术应用的安全性和可靠性；行业自律则能够促进企业自觉遵守伦理规范，推动技术健康发展。

在人类与人工智能共同存在的未来，世界将会是现在无法想象的——科技高度发达，人工智能代替人类去做枯燥的重复性工作,人类不再需要工作,只需要凭兴趣创造价值。在一些人工智能无法独立完成的领域,人类担任检察员的角色,确保人工智能制造出的商品的安全性。这是一个与现在迥异的时代,是一个我们依然在努力靠近的时代。

未来,机器人的核心技术不断突破,以前不敢奢望的众多用户需求将因为得到技术支撑而得以实现。一大批与机器人相关的新消费需求也将被激发,数据显示,这将是一个以万亿元计的庞大市场。机器人将来也可以学习,但不是按照编程指令去学习,而是有自主学习的功能,通过不断试错来获得提升。它们在我们的旁边,在我们的工厂里面工作,任何一个人都可以示范给机器人应该怎么做,而不用一些专业的编程人员来编程。

未来,只要你和人工智能配合得好,就可以拿到高工资,我们应和机器并肩作战,而不是相互斗争。利用人工智能可以做很多的工作,更有力的是人类智能和人工智能的结合产生更强大的力量。

凯文·凯利说:"未来我们应该学会怎么配合人工智能一起工作。"人类+机器随着AI发展将逐渐成为现实,让科技门槛降低,让每个人能迅速成为"极客",用科技辅助人类提升效率,跨越时间、空间限制,极大延伸人类智慧。或许只有AI才能真正接近互联网的终极本质,让人类生活、工作更美好。

人工智能代替人类的一部分工作这种现象已经有一段时间了,自它们诞生的那一刻,人类就没有停止过担心,总是忧虑如何与它们共同相处。这种担忧持续了好久,丝毫没有减弱。有人认为人工智能将会彻底抢走人类的饭碗,导致大规模的失业;有人认为将会出现超越人类智商的人工智能,人类将被统治。这种持续性恐慌一方面是每一代人都认为自己正面临革命性的技术进步,哪代人都没有自己倒霉。另一方面,很多人忧虑人工智能太过聪明,认为在未来它们不但拥有认知和决策能力,还对社会发展有巨大的影响力。但其实,人工智能将会给我们提供更多的机会,可以帮助人类提高工作效率,让人类享受更优质的服务,完成我们无法完成的任务。

　　现如今，人工智能已经开始进驻我们生活的方方面面，并塑造了一种新的生活方式，如今人们的日产生活已经离不开人工智能了。21世纪以来，随着互联网以及大数据的兴起，信息呈现爆炸式增长，再加上深度学习等机器学习算法在的广泛应用，人工智能进入了飞速发展时期。人工智能的发展趋势将是和脑与神经科学、认知科学、心理学等学科进行深度交叉融合，那时候，人工智能技术的发展将会对传统行业产生十分重要的影响，在国防、金融、工业、医疗等行业将发挥更加重要的作用，同时也将促进产业升级，引发产业结构的变革。我们需要明白，人工智能的存在并不会威胁到人类的生存，它仅仅充当着辅助者的角色。我们需要做的是把更多的精力放在对人工智能的宣传工作上，为大众解释清楚人工智能的作用，以防人们心中的担忧和恐惧占据上风。同时，政府部门应该清楚地为公民解释人工智能未来的发展方向，告诉他们新的努力方向和必备技能。

　　在未来，人工智能和人将会分别从事自己更加擅长的工作，形成一种强大的共生关系。尽管如今人工智能水平还较弱，但是人工智能已经在多个领域承担辅助职能，帮助人类进行日常的工作。奥巴马经济顾问委员会的主席杰森·弗曼表示，低技术的体力劳动最有可能被人工智能取代。如果人工智能开始和人类在工作上进行竞争，劳动力资源的分配很快也会迎来巨大变革。因此，在未来，人类需要更新自己的思维，调整技能储备来应对人工智能所带来的就业结构新形势。

　　人工智能虽然已经出现一段时间，但它的影响力其实在最近几年才开始崭露头角。要想真正发掘这一时代的发展趋势，将需要更加深入、更加综合的分析研究。第一次以及第二次工业革命的发展中，我们发现社会的转型经常呈现曲折发展的形态，人工智能对社会的影响也不会是直线。面对人工智能高速发展的现在，我们需要转变对于人工智能的思维，理智地面对人工智能对社会的影响，并投入社会发展的洪流之中，顺应时代趋势，充分利用人工智能。人工智能的意义将不亚于第一、二次工业革命中蒸汽机与电力的作用。人工智能不仅能够大幅提升生产效率,还将把人类的生活和工作水准提高至一个新的水平,并且对人类的生产生活产生深刻影响,甚至融为一体。

图书在版编目(CIP)数据

DeepSeek 风暴:重塑内容生产与传播/张凌霄,赵琳琳,刘庆振编著.--北京:中国传媒大学出版社,2025.4.(2025.10 重印）

ISBN 978-7-5657-3936-1

Ⅰ.TP18

中国国家版本馆 CIP 数据核字第 2025QH6230 号

DeepSeek 风暴:重塑内容生产与传播
DeepSeek FENGBAO:CHONGSU NEIRONG SHENGCHAN YU CHUANBO

编　　著	张凌霄　赵琳琳　刘庆振
策划编辑	沈刘红
责任编辑	曾婧娴　沈刘红
特约编辑	王玉凤
封面设计	拓美设计
责任印制	李志鹏
出版发行	中国传媒大学出版社
社　　址	北京市朝阳区定福庄东街 1 号　　邮　编　100024
电　　话	86-10-65450528　65450532　　传　真　65779405
网　　址	http://cucp.cuc.edu.cn
经　　销	全国新华书店
印　　刷	北京中科印刷有限公司
开　　本	880mm×1230mm　1/32
印　　张	7.5
字　　数	212 千字
版　　次	2025 年 4 月第 1 版
印　　次	2025 年 10 月第 2 次印刷
书　　号	ISBN 978-7-5657-3936-1　　定　价　58.00 元

本社法律顾问:北京嘉润律师事务所　郭建平